**Integrated Marketing Communication
Theory and Practice**

# 整合行銷傳播

## 理論與實務

王全裕◎著

行　銷　叢　書

# 序

　　以當代顯學去看待整合行銷傳播的領域，並不為過；與其歸納為傳播學科，倒不如說它是進階的行銷範疇。吾人談及整合行銷傳播（Integrated Marketing Communication, IMC），總是會引申去看待它稱為整合傳播行銷。事實上，整合行銷傳播是結合諸多傳播方法和工具的行銷技巧，因此如單獨劃分整合行銷傳播為傳播學程或行銷領域，並非適切的講法。

　　行銷傳播工具眾多，常為人們選擇使用者不外乎形象、公共關係、廣告、直效行銷、事件行銷、促銷或品牌行銷等。現代行銷的成敗，大致取決於行銷傳播工具的選擇。一個適當而有效的傳播工具，將使您的行銷個案事半而功倍，如選擇多種適切的傳播工具更具有相乘的效果。在傳播工具的催化下，行銷功效顯而易見，尤其是傳播無遠弗屆的宣導引介，更是強化品牌的利器。我們在探討一種合宜的傳播工具，進而整合各種可行的傳播工具，使其不重複、不浪費、不多餘的使用。然而，在競爭激烈的現實環境中之行銷個案，應如何選擇傳播工具？何種傳播工具可達成您的需求？您的行業適用何種傳播工具？如何引用適當而成功的案例？各種傳播方法所存在之利弊得失，足以令人迷惑，而無所適從。

　　有感於近年來，傳播科系與商管系所在教授整合行銷傳播學程時，屢有空談理論，卻缺乏實戰的案例，縱有部分行銷案例引述傳播方法，亦有失真或偏頗之虞。故藉由多年教學之便，提供大學校院學生暨有心學習人士，在整合行銷傳播之應用上，引介各行業的實際案例，加以剖析、探討其操作方法，使讀者易於選擇應用，並依行業別學習更有效的傳播技巧，以完成策略的布局，遂行行銷的終極目的。

　　本書係由整合傳播工具的行銷企劃面去構思不同行業的需求，同時含括以非營利為目標的組織團體，完整地探討行銷個案中主要的傳播工

具，俾利研讀者全方位的瞭解，在不同行業的傳播工具，何者最有利於行銷作為。當眾多的傳播工具提供給行銷人員時，應該考量的是效果還是花費的金錢？如是仁智互見，但事倍而功半的行銷傳播，亦不適用當前競爭激烈的商業行為。疊床架屋的行銷工具，總是讓人無所適從，因此，本書彙整十三個實際案例，藉由案例索引的傳播技巧，來加強理論與實務結合的應用。此外，筆者以多年業界行銷實務的工作經驗，深切瞭解諸多行業實際操作的要訣和模式，故得以深入而淺出的敘述整合行銷傳播的要義和操作的技巧。

本書內容以下列模式貫穿全文：

整合行銷傳播IMC（Integrated Marketing Communication）＝品牌（Brand）＋企業識別系統（Corporate Identity System）＋公關（Public Relations）＋廣告（Advertisement）＋促銷（Sales Promotion）＋直效行銷（Direct Marketing）＋事件行銷（Event），並涵蓋下列產業案例：

1.電子商務產業——以阿里巴巴為例。

2.時尚精品產業——以昇恆昌為例。

3.家居量販產業——以IKEA為例。

4.文化創意產業——以誠品書局為例。

5.健康飲料產業——以紅牛Red Bull為例。

6.風尚飲食產業——以星巴克Starbucks為例。

7.航空科技產業——以長榮航空為例。

8.通訊科技產業——以Apple為例。

9.零售通路產業——以全聯福利中心為例。

10.便利商店產業——以統一超商為例。

11.運動行銷產業——以義大犀牛為例。

12.非營利產業——以金門迎城隍——浯島宗教文化觀光季為例。

13.政治行銷產業——以2014台北市市長選舉為例。

感謝國立金門大學師生和摯愛家人的鞭策與鼓勵，更感謝在編輯過程中，付出心力的門生故舊：黃暘宸、郭哲源、彭心妮、郭翊輊等使本書能順利付梓印行。也感謝為本書奉獻心力的好朋友王進清夥伴。此外，學海無涯，以筆者才學不揣淺陋，倉促付印，疏漏難免，尚祈先進賢達惠予指正，當不勝感激。

　　謹此


王全裕　謹識

# 目　錄

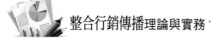

x

# 圖表目錄

# 圖片目錄

# 整合行銷傳播定義、
# 理論與核心概念

2

##  一、整合行銷傳播定義

　　美國廣告代理商協會所提出的一個「由內而外」（inside-out）定義為：整合行銷傳播是行銷傳播規劃的一個概念，強調行銷傳播工具的附加價值以及所扮演的策略性角色，結合行銷傳播工具（如一般廣告、直效行銷、人員銷售、公關），提供清楚、一致性以及最大化的傳播效果（Schultz, 1993）。

　　整合行銷傳播（Integrated Marketing Communication, IMC）興起於90年代的美國，面對市場的急速變化以及廣告訊息對消費者影響力的衰退，使企業主更需要轉而投資到其他傳播工具，並以掌握消費者，以消費者為導向作為整合行銷傳播的契機（張延勤，2008）。

　　整合行銷傳播的概念，簡單的說就是Schultz等人（1993）在《整合行銷傳播》一書中的副標題Pulling it together and making it work（統合資源，共同發揮）（引自鄭自隆，1995）。消費型態與媒體特性的改變，讓以往廣告獨大的行銷手法開始沒落，進而相繼受到重視的是關係行銷、直效行銷等其他工具的應用（Dilenschneider, 1991; Copulsky & Wolf, 1990）。整合行銷傳播的定義，是由美國廣告代理商協會（4As）於1986年所提出：「整合行銷傳播是一種從事行銷傳播計畫的概念，確認一份完整透徹的傳播計畫有其附加價值存在。這個計畫評估不同的傳播技能——例如廣告、直效行銷、促銷活動與公共關係在策略思考中所扮演的角色，並且將之整合，提供清晰一致的訊息，以符合最大的傳播效益。」

　　Shimp（1997）也以廣告、推廣活動等傳播工具支援的角度，為整合行銷傳播下定義為：「廣告主或商品品牌透過不同的傳播管道，傳遞訊息給消費者，必須架構在一致的聲音下。」

　　Shimp（1997）在《廣告性促銷：整合行銷傳播的補充觀點》一書中指出，整合行銷傳播是隨著時間發展和實行對消費者和潛在消費者進行說

服傳播的過程。它的目標是去影響被選擇來傳播的消費者行為。整合行銷
傳播考慮到個別消費者或潛在消費者可能接觸到的品牌或企業的所有資
源，如同潛在的接觸的訊息的管道。此外，整合行銷傳播運用所有可以接
近消費者與潛在消費者，以及他們可能接收的傳播途徑。總之，整合行銷
傳播過程開始於消費者與潛在消費者，然後決定和界定說服傳播可能發展
的形式與方法。

　　Foster（1990）定義：「整合行銷傳播是透過適切的媒體，傳播適切
的訊息給適切的對象，引發期望的反應；並運用多種傳播工具擴散公司的
聲音。」（引自祝鳳岡，1996）。

　　IMC在80年代後濫觴於美國西北大學，其發展的原因在於廣告訊息的
影響力對消費者逐漸喪失。IMC重視消費者、企業與媒體三者間的互動關
係；與傳統行銷傳播最大的不同，在於IMC將傳統的廣告及促銷手法整合
在一起，提供更多的傳播管道，強調與消費者的雙向「溝通」，進一步在
消費者心中建立起一致的訊息，有效地降低企業成本（梁修混，2003：
3）。

　　Caywood、Don E. Schultz、Wang（1991）定義包括四種基本傳播的
型態，即廣告、公關、促銷、直效行銷（許安琪，2001）。定義：「整合
行銷傳播是一種行銷傳播規劃的概念，這種概念體認到一個全方位計畫的
附加價值。所謂全方位計畫是指該計畫會評估各種專業傳播領域，如廣
告、公關、促銷、直效行銷等策略性角色，並將這些專業領域結合在一
起，以便提供明確性、一致性以及最大的傳播影響力。」

　　Larry Percy（1997）定義：「整合行銷傳播是一種將企業內所有行銷
計畫加以整合的行銷傳播計畫，其概念對行銷人在擬定行銷計畫時，有著
舉足輕重的影響。整合行銷傳播是一種策略性規劃的流程，而不是將許
多不同的傳播活動結合在一起；整合行銷傳播企劃是在策略性思考及預算
的考量下，達成最大的行銷結果，而不管最終的執行手法為何。」（王
鏑、洪敏莉譯，1997）。

Ralph Oliva（1993）提出「資料庫行銷」在整合行銷傳播的重要性之定義：「整合行銷傳播是擁有一個具有顧客行為資訊的資料庫，並傳送個人的、雙向溝通的適當形式，並提供支援的適當形式，最主要在適當的時機，採用適當型態的展示和潮流，以合適的訊息讓人們知道未來的方向，並採用適當形式的廣告和促銷，為此類事物的共同運作。」（引自楊佳蓉，2000）

Don、Stanley與Robert提出「接觸」觀點的定義：「一個顧客或潛在顧客對於行銷者的產品或服務之品牌、產品類別或市場任何可產生資訊的經驗。」

Novelli（1989）提出「一次購足」（one stop shopping）概念的定義：「表示整合行銷傳播能提供許多行銷功能，而整合行銷傳播的核心概念是『綜效』（synergy）。強調相互合作的力量是大於各自為政的，也顯示出整合行銷傳播可以發揮一加一大於二的力量。」

整合行銷傳播規劃是一複雜的策略過程，除了著重所要做的工作內容外，並要尋找最佳創意和媒體以完成這些工作，找出市場挑戰及機會所在，因此需要零基溝通計畫。零基溝通規劃的思考原點並非立足於去年的計畫，而是以目前所需的工作為基礎。就整合行銷傳播的觀點，所有的行銷傳播功能都是平等的，透過零基觀點來規劃傳播計畫，每一個功能都是源於其最能完成的目標，也就是適才適性的發揮各個行銷傳播的功能（Duncan, 1998）。

Duncan與Caywood（1996）認為，IMC的觀念就是要協助客戶們面對挑戰——如何在符合預算的前提之下，運用行銷工具組合，達到最大的綜效。在整合行銷傳播的實施層級上，分成七個階段，這個架構是一個同心圓，從中間的知覺整合階段向外擴張，直到最外圍的關係管理的整合階段（圖1-1）（Thorson & Moore, 1996; Sirgy, 1998）。

整合行銷傳播藉由知覺整合、形象整合、功能整合、協調整合、消費者為主的整合、利益關係人的整合、關係管理的整合等七個階段，在不

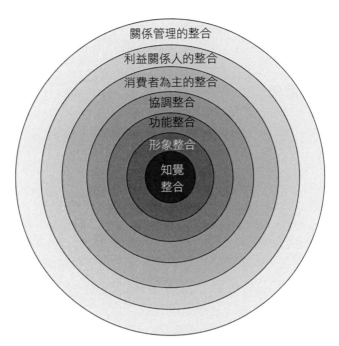

**圖1-1　整合行銷傳播的實施階級**

資料來源：Thorson & Moore, 1996; Sirgy, 1998.

同的階段，都應該針對廣告、促銷、直效行銷等工具的優劣之處加以評量，來做出最佳的傳播組合，以達企業的任務目標。

　　完美的傳播組合是以消費者與潛在消費者為主，且有賴於各種傳播工具的合作與使用，除此之外，還需將利益關係人、關係管理納入整合行銷傳播的架構中，藉由這種漸進式、同心圓的概念，發展全方位的整合行銷傳播。

6

# ⓘ 二、整合行銷傳播理論

## (一)「消費者層面」與「交易層面」

　　Schultz（1993）提出從「消費者層面」切入的概念之定義：「整合行銷傳播是將所有與產品或服務有關的訊息來源加以管理的過程，使消費者或潛在消費者接觸整合的訊息，產生購買的行為，並保持品牌忠誠。」

　　Duncan與Moriarty（1998）提出從「交易層面」切入的概念之定義：「整合行銷傳播是一組策略影響，或控制所有訊息和組織的所有媒體，整合影響消費者對於品牌的認知價值，鼓勵目標性的對話，以創造企業與顧客和其他利益關係人的利潤關係。」也就將整合行銷傳播的層面提升為「交易層面」，其中的影響並牽動到組織單位。

　　兩層面不同處如**表1-1**所示。

**表1-1　整合行銷傳播的學術整理**

| 整合行銷傳播層面 | 消費者層面（1992-1994） | 交易層面（1998） |
|---|---|---|
| 學者 | Don Schultz、Tannenbaum、Lauterborn | Duncan、Moriarty |
| 整合行銷傳播理論 | 建立在顧客與品牌間的關係，藉由與顧客的行為接觸得到回饋。 | 整合行銷傳播是策略性的控制或影響所有攸關的訊息，鼓勵企業組織與消費者與利益關係人雙向溝通，以創造雙贏互惠的長久關係。 |
| 補充 |  | 將之前的品牌觀念轉移為企業組織；而關係人的層次也擴大到所有利益關係人，而不只限於消費者以及潛在消費者（許安琪，2001）。 |

資料來源：作者整理

## (二)「由外而內」、「由內而外」整合行銷傳播理論

美國西北大學「由外而內」（outside-in）的觀點之定義：由顧客或潛在消費者的需求與動態為思考原點，回視內部的企業行銷目標與產品。簡言之，整合行銷傳播由顧客及潛在消費者出發，以決定、定義一個說服傳播計畫所應發展的形式與方法（楊佳蓉，2000）。

Schultz等人（1998）提出「由內而外」（inside-out）的觀點之定義：「整合行銷傳播是一種長期間對顧客及潛在消費者發展、執行不同形式的說服傳播計畫過程，目標是要直接影響所選定的傳播視聽眾的行為。考慮到一切消費者接觸公司或品牌的來源。亦即當潛在管道運送未來訊息時，顧客或潛在顧客與產品或服務之間的接觸。此外並運用所有與消費者相關並可使他們接收的傳播形式。總而言之，整合行銷傳播由顧客及潛在顧客消費者出發，以決定及定義一個說服傳播計畫所應發展的形式及方法」（引自吳怡國、錢大慧、林建宏譯，1999）。

同時期亦定義：「整合行銷傳播是對現有及潛在顧客長期發展，並施行各種不同形式、具說服性的傳播活動過程，其目的是去影響或直接牽動目標群的行為，整合行銷傳播應該考量公司或品牌之所有可以接觸到目標群的資源，進而採行所有與目標群相關之傳播工具，使商品或服務的訊息得以傳送讓目標群收到」。

Boulding（1956）說，人類的行為除了受知識與資訊所引導之外，更是個人所知覺到的意象產物；Boulding同時認為意象對人的行為決策有重大的影響，因為人並不是對事實作反應，而是對他們所相信的事實作反應，意即人們會憑著主觀的價值和知識，作為個人與外界環境溝通之工具。

# 🔘 三、整合行銷傳播學術領域四種主要的學派

分別是西北大學學派、科羅拉多大學學派、丹佛大學學派以及聖地牙哥大學學派。

## (一)西北大學學派——整合行銷傳播模式

1.代表人物／年代：Schultz、Tannenbaum與Lauterborn（1993）。

2.主要概念：

(1)以消費者與潛在消費者的資料庫為起點，進行接觸管理。

(2)發展傳播溝通策略，根據傳播目標訂定明確、具體且量化的行銷目標。

(3)確定行銷目標後再決定執行此目標的行銷工具，即如何組合產品、通路、價格等要素，以及直銷行銷、廣告、促銷活動、公共關係與事件行銷等行銷傳播策略以完成行銷目標。

## (二)科羅拉多大學學派——整合行銷傳播模式

1.代表人物／年代：Duncan（1993）。

2.主要概念：提出整合行銷傳播四層次模式。

(1)形象統一。

(2)單一聲音與外觀。

(3)訊息一致。

(4)良好的聆聽者，與利益關係人、消費者保持良性之雙向溝通。

(5)世界公民，加入社會與環境意識，確立明確的組織文化並據此與各企業利益關係人建立關係，成為好公民，產生良性媒體效應，為企業帶來正面形象。

### (三)丹佛大學學派──整合行銷傳播模式

1.代表人物／年代：Burnett與Moriarty（1998）。

2.主要概念：以4P為出發點，認為整合行銷傳播只是其中的促銷（promotion）。

### (四)聖地牙哥大學學派──整合行銷傳播模式

1.代表人物／年代：Belch（1998）。

2.主要概念：認為整合行銷傳播之重點在於傳播工具之整合。

(1)分析推廣方案的情境。

(2)分析傳播過程。

(3)決定預算。

(4)發展整合行銷傳播。

(5)整合傳播工具：廣告、直銷行銷、促銷、公共關係及人員銷售。

(6)整合與執行行銷傳播策略。

(7)監看、評估與控制IMC計畫。

## 四、整合行銷傳播的重要概念

### (一)IMC的定義

蔡美瑛與陳蕙芬（1998）彙整整合行銷傳播的定義：

1.「口徑一致」的行銷傳播：緊密結合所有行銷傳播工具以維持並傳達清楚、單一、共享的形象、定位、主題、訊息等。

2.使用所有接觸工具：使用到所有可能傳遞企業或品牌訊息的可能管

道。

3.消費者導向的行銷過程：由消費者的角度觀察行銷傳播工具的價值與功能，以符合真正需要並促發其購買行為；加強瞭解並管理直接面對消費者行銷通路。

4.達到綜效：各項傳播工具的口徑一致，傳達強烈且單一品牌形象的訊息給予消費者。

5.影響行為：傳達訊息不只是希望影響閱聽眾提升對於品牌的瞭解及偏好，而是要激發消費者的購買行為。

6.建立關係：與消費者保持長久的溝通關係，較容易使消費者重複購買商品，甚至產生品牌忠誠。

## (二)IMC的核心概念

Schultz（1993）認為，IMC意指顧客導向行銷，不僅意味著使企業廣告、行銷及促銷展示效率化，以產生一整合性訊息，並要以顧客而非產品服務或利潤目標為第一優先。

1.強調資料庫行銷：行銷除了使用科技，還需要對時間及資源持續承諾。資料庫至少應包括人口統計、心理統計及購買歷史，即包括購買習性、產品使用及媒體使用的資訊。

2.消費者態度不等於購買行為：行銷人員可以測量顧客的行為，但不能測知顧客腦中的想法，連顧客本身都無法確知他的下一步行動，因此所要做的是解釋而非預測顧客的行為。

3.持續測量消費者行為，而不是僅測量銷售的結果：真實的消費者行為不能只靠一次的測量，必須長期並多次檢測。

4.行銷人員應參與整個過程：行銷人員應在一開始就參與策劃，而非在產品已開發、通路與價格都已決定後才參與。

5.建立知覺價值：知覺價值是人們心理上所認定，而非實際上如此。

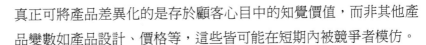

真正可將產品差異化的是存於顧客心目中的知覺價值，而非其他產品變數如產品設計、價格等，這些皆可能在短期內被競爭者模仿。

6.注意力集中在規劃而非作為：找出顧客的需要與欲望，然後提供適當的產品及服務，並發展出顧客化的溝通方案以接觸顧客。

## (三)IMC在理論及實際操作上的特點

經由擴充Schultz等人的IMC定義，Shimp（1997）提出IMC在理論及實際操作上的五大特點：

1.影響行為：IMC的目標是為了影響消費者行為並促成其反應，而不僅止於影響其品牌認知或增強其態度而已。

2.從顧客或潛在消費者出發：企業執行IMC應避免「由內而外」的觀點，而要以「由外而內」的行銷方式，注重顧客或潛在消費者對於傳播訊息的回饋，並以適當的傳播形式再加以反應。

3.考慮所有的傳播接觸形式：藉由媒介、品牌價值或企業本身的資源，IMC需考慮所有可能接觸到顧客或潛在消費者的傳播管道。

4.達成綜效：IMC追根究柢就是追求綜效，即傳播元素間相互連結，以一致的聲音（single voice）表達出公司品牌形象並促使消費者產生正面反應。

5.建立關係：成功的行銷傳播必須讓企業品牌及消費者之間產生連結，而IMC便是建立長久品牌關係的關鍵要素。

## (四)IMC的特色

Duncan（1998）則認為IMC具有下列特色，可協助企業及品牌有效率地建立更強的顧客關係：

1. 零基溝通規劃：IMC規劃是一複雜的策略過程，除了著重所要做的工作內容外，並要尋找最佳創意和媒體以完成這些工作，找出市場挑戰及機會所在，因此需要零基溝通計畫。零基溝通規劃的思考原點並非立足於去年的計畫，而是以目前所需做的工作為基礎。

2. 媒體及名單策略：交織使用大眾媒體和顧客資料庫，使用大眾廣告以激勵消費者自我選擇並認定對品牌的興趣；另一方面並進行一對一的互動行銷。大眾媒體是用以接觸潛在顧客，一對一傳播則用以維繫與老顧客間的關係。

3. 使命行銷：由於產品間的實質相異處愈來愈少，因此良好的公司形象成為重要的競爭優勢。企業應該主動積極去建立形象，而非消極的事後防範。因此，IMC的企業層次是要和顧客及企業利益關係人雙向溝通，以建立強而有力的公共關係。

4. 綜效：IMC所欲達成的基本概念是「綜效」，意即將各種訊息整合並使其協調一致的影響力，將比把各種訊息加總而得的影響力更大（Burnett & Moriarty, 1998）。

## ⓘ 五、整合行銷傳播的發展

　　自1990年代以來，整合行銷傳播已成為行銷領域中，廣受各界探討的熱門話題。Schultz與Kitchen（2000）指出整合行銷傳播是一個趨勢，隨企業發展而成為需要，它不僅僅只是管理流行的時尚，而是已發展到架構清楚、作法明確、有事實為依據的研究途徑層次。依據美國生產力與品質中心（American Productivity and Quality Center, APQC）所提出的執行整合行銷傳播的四個轉換階段，從底部到頂端，其四個層次分述如下：

## (一)戰術性地協調行銷傳播

大部分企業尋求IMC的開始，企業內部，需要高度的人際及跨功能傳播，包括：廣告、銷售促銷、直接郵件、公共關係、特別事件。

## (二)再界定行銷傳播的範疇

組織開始以顧客觀點檢驗傳播，關鍵的問題從「我們如何接觸顧客」到「顧客如何接觸我們」，即由外而內代替了由內而外。所以整個傳播的範疇擴展，組織蒐集有關外在的顧客資訊、發展行銷傳播、評估回饋，並且調整與外在代理商關係。

## (三)資訊科技的運用

組織經由資訊科技來維持獲得資料來源，建立全球性市場區隔的資料庫，有效運用公司的資料在傳播規劃與執行上，將顧客資料轉換為顧客知識。

## (四)財務以及策略上的整合

這是最高層次的整合，強調從技術、資料移轉到公司策略規劃的導入。

## 六、整合行銷傳播的爭議

「整合行銷傳播」的概念自提出以來，即獲得了學術上及實務上的關注。但Schultz於1993年表示，整合行銷傳播的接受度並沒有如他們預期

中的快速。在實務面真正將整合行銷的理念付諸實行的企業，仍然如鳳毛麟爪。許多提供整合行銷傳播服務的廣告公司也坦承，真正指明要他們提供整合行銷傳播服務的新客戶並不多。

## (一)整合行銷傳播的執行障礙

如果整合行銷傳播的概念如此完美，為何不能執行？Pettegrew（2000）表示，整合行銷傳播的最大障礙在於欠缺高階管理者的支持，尤其是執行長。Prensky、McCarty與Lucas（1999）從組織的觀點來探討整合行銷傳播的執行障礙，其問題存在於客戶本身組織和它的傳播活動供應商。Pettegrew（2000）引述Schultz所言，不同領域專家的各自為政，妨礙了整合行銷傳播的執行。因此，需要有人來控制所有的傳播功能並確定所有傳播活動可以有效整合，「傳播專制」（communications czar）的理念由此產生。而CEO即是傳播專制的最佳人選。

此外，Pettegrew（2000）也從「文化」的觀點提出五項整合行銷傳播的執行障礙：

1.文化是組織行為的決定因素。
2.欠缺中心控制的文化無法執行整合行銷傳播。
3.在某些組織裡，常為了資源而彼此競爭，無法達到整合行銷傳播所需要的合作。
4.傳播功能上的狹隘觀點。
5.CEO不適的領導。

## (二)整合行銷構面的各項變數

茲針對整合行銷構面的各項變數加以說明如下（Duncan, 1993）：

◆認知整合

　　企業在推動整合行銷傳播策略之初，必須認知到外在整體環境（經濟、社會、科技、文化、政治）之變化，並瞭解企業所需要的經營模式來回應市場環境的改變，也由於新的市場趨勢的演變、消費者需求的多樣化，促使企業必須採取不同的傳播策略與戰術，和消費者乃至於不同的利益關係人進行互動。

◆形象整合

　　形象的整合，講求視覺形象與口語傳播質感，此構面的特性是，企業會體認到傳達一致的訊息與感覺的重要性；因此，全體員工必須維繫好公司的商標及形象，並且建立良好的溝通管道及共識。

◆資料庫整合

　　資料庫整合的特色在於資料庫的形成，資料庫建立時的資訊內容，一開始首先具備各層次客戶的基本資料，隨著行銷活動與客戶的接觸，使得資料庫的內容亦逐步增加，包括：消費者的質疑、埋怨、稱讚、建議等資訊，都將進一步地加以記錄在資料庫當中。

◆消費者整合

　　整合行銷傳播的重要特性是將消費者與潛在消費者，都納入整合傳播的思考架構中，進行所有接觸點的整合。企業可以透過市場調查，配合銷售經驗來預測潛在消費者的購買習性，並從中蒐集消費者對於產品未來趨勢的看法，使企業能充分的掌握經由訂價、通路、產品展示、服務作業等所傳達的訊息，有效管理所有的商標接觸點，並得到良好回應。

整合行銷傳播理論與實務

16

◆利害關係群體整合

　　利害關係群體是指在組織內／外與組織績效有利害關係的人或團體，包括：債權人、供應商、員工、股東、客戶、社區及政府等，所有與企業整體利益有關的組織或個人都算是企業的利益關係人。企業的利益關係人除了消費者之外，尚有許多其他的利害關係群體會對企業的經營造成影響；因此，必須有效的辨識與公司發展有關的主要利害關係群體，與他們建立良好的溝通管道。

◆評估整合

　　為了瞭解目標與實際績效的差距，績效的評估就變得非常重要，Kotler（2003）認為企業過度著重制定及檢視財務目標，忽略了其他用來衡量企業績效的方法。因此，執行整合行銷傳播時，亦必須透過適時的稽核，使企業的整合行銷活動更有效率，並透過整合行銷傳播績效的測量與稽核，以確保整合行銷傳播有效的執行。

Chapter

# 2

# 整合行銷傳播執行說明
# 與應用模式策略

整合行銷傳播（IMC）＝品牌（Brand）＋企業識別系統（CIS）＋公關（PR）＋廣告（AD）＋促銷（SP）＋直效行銷（DM）＋事件行銷（Event）

# 一、整合行銷傳播執行說明

## (一)品牌（Brand）

吾人以為品牌是以企業或產品的本質為出發點，建立在消費者印象中的形象價值稱之。坊間咸以維基百科定義最為貼切，其定義為：「品牌」不是「商標」。「品牌」指的是產品或服務的象徵。而符號性的識別標記，指的是「商標」。品牌所涵蓋的領域，則必須包括商譽、產品、企業文化以及整體營運的管理。因此，brand不是單薄的象徵，乃是一個企業總體競爭，或企業競爭力的總和。品牌不單包括「名稱」、「徽標」還擴及系列的平面視覺體系，甚至立體視覺體系。但一般常將其窄化為在人的意識中圍繞在產品或服務的系列意識與預期，成為一種抽象的形象標誌。甚至將品牌與特定商標劃上等號。

人們從品牌的經驗因素上辨別一個品牌的心理因素。經驗因素通常由品牌的使用經驗構成，心理因素則由品牌的形象，即由與產品或服務相關聯的一切信息和預期所創建的符號性的標識。

## (二)企業識別系統（CIS）

企業識別系統（Corporate Identity System, CIS）係將企業的經營理念、文化與精神，透過企業對內、對外的行為語言、活動以及組織化、系統化的視覺符號，傳達給社會大眾；CIS是具有統合內部意識，強化企業

體質，突顯企業風格及塑造企業形象的功能。

## ◆理念識別（Mind Identity, MI）

例如廣告口號、精神標語，像Nike創造出大家耳熟能詳的「Just do it!」，就是一例。或者像國內很多企業喜歡用幾個簡單國字來代表企業理念也是MI的一種，將產品或企業的願景、精神直接傳達給消費者。

## ◆行為識別（Behavior Identity, BI）

例如公益／贊助活動，可以在很多球賽或賽車場看到琳瑯滿目的贊助企業就是一例，如果企業在某活動中長期贊助曝光，就很容易讓人和該活動搭上聯想，例如米其林輪胎在各車賽中都不缺席，就很容易引起車迷的共鳴。

## ◆視覺識別（Visual Identity, VI）

例如商標、招牌、名片，用圖像文字色彩等視覺要素來傳達企業形象的一種代表圖騰，就是大家比較熟悉的logo。

## (三)公關（PR）

哈洛（Harlow, 1976）定義公關為「公共關係是一種特殊的經營管理功能，有助於建立與維持組織與其公眾間的相互溝通、理解、接受及合作，並參與解決公共問題，協助管理階層促進群眾瞭解事實真相、對民意有所反映、強調機構對群眾利益所負的責任，並利用研究工具，隨時因應外界變化，加以應用，形成早期預警系統，有助於預測未來的發展趨勢。」

也就是指所有直接或間接關係人所做的各種溝通活動，其主要目標是提升產品、服務或組織的形象，其溝通的對象則從股東、員工、一般大

眾、媒體及政府機關。而其溝通方式很可能藉由某種活動來吸引媒體主動採訪,透過新聞媒體傳播方式,對推廣的對象在心中建立良好的印象,這樣的形象建立方式通常會比使用其他方式來建立要來得被社會大眾接受與相信。

## (四)廣告(AD)

廣告是由一位特定的廣告主,在付費的原則下,藉非人際傳播的方式以達到銷售的一種觀念、商品或服務之活動(American Marketing Association, AMA 1984)。廣告是付費且經過專業企劃的說服訊息,可以透過媒體運用資訊傳達、理性訴求、感性訴求、重複主張、命令式、符號聯想及模仿等七種方式傳達給消費者及潛在消費者。

廣告與其他傳播工具最大的差異在於其傳播商品訊息的方式是透過大眾傳播媒體,由於將顧客視為整體來訴求,訊息內容不可能太過個別化或特殊化,這是廣告的主要限制。進行廣告策略的規劃的步驟包括了設定目標、定義目標群、擬定預算、發展訊息、選擇媒體、選擇時機、評估廣告及推廣組合(Gross & Peterson, 1987)。

而廣告訴求的方式,可分為理性訴求、感性訴求、恐嚇訴求、性訴求、幽默訴求等幾種方式。恐嚇訴求是以負面的表現方式,希望激發消費者的緊張與不安,希望消費者因害怕而不做某些事,很多政府宣導廣告、公益廣告會以此手法表現。幽默訴求常常能夠打破防備的戒心,採用此訴求,反而顯得更尊重廣告觀眾,因為你不只是把他們當作一群被推銷商品的對象;而好的幽默廣告除了娛樂效果外,商品訴求重點一樣能深入人心。

## (五)促銷（SP）

　　美國行銷協會（American Marketing Association）定義為「在行銷活動中，不同於人員推銷、廣告以及公開報導，而有助於刺激消費者購買及增進中間商效能，諸如產品陳列、產品展示與展覽、產品示範等不定期、非例行的推銷活動。」最常用於鼓勵購買、吸引新的試用者以及提高初試者之再購率等三種情況。促銷提供短期誘因來鼓勵產品或服務的購買或銷售。促銷的目標可能是吸引消費者試用新的產品、吸引消費者放棄採用競爭者產品、使消費者購買更多成熟期產品、維持以及回饋忠誠顧客（劉美琪，2000）。促銷工具包括了樣品、折價券、現金退款、特價品、贈品等（引自Kolter原著，張逸民譯，1997）。

## (六)直效行銷（DM）

　　直效行銷協會（Direct Marketing Association, DMA）對直效行銷（DM）的定義為「直效行銷是一種互動的行銷系統，乃經由一種或多種的廣告媒體，對不管身處何處的消費者產生影響，藉以獲得可加以衡量的反應或交易。」通常是藉由電話行銷（telephone marketing）、直接信函（direct mail）或直接回應（direct response）等方式將訊息直接傳遞給消費者，其首重與顧客個別溝通以建立相互信賴的長遠關係。

　　整合行銷傳播的策略思考下進行直效行銷技術其作業流程為：目標消費者設定，透過不同的大眾或分眾媒體與消費者在不同的時間點或地點產生互動，其行銷傳播的效果以品牌建立或經營為主，不但有助於銷售，更利於資料庫建立為永續經營的行銷系統發展（許安琪，2001）。

　　直效行銷具有以下幾點優勢與特性：

1.直效行銷有較為明確的目標對象。
2.有了確定的目標對象則可以採用較為個人化的銷售方式。

3.直效行銷可以進行效果的評估,也可長期的經營資料庫。

這些特點都是有利於與顧客之間的關係管理與顧客資料庫的建立,因此,以下再分別說明關係行銷與資料庫行銷的定義。

### ◆關係行銷

根據洪順慶(1995)的觀點,「關係行銷乃是以個別消費者為基礎,透過對個別消費者的瞭解,利用資訊技術和資料庫工具提供個人化的行銷組合給個別顧客,並藉此與消費者發展不同程度的長期互惠關係,以獲取顧客的忠誠度,甚至終生價值」(何佳芬,2001)。

### ◆資料庫行銷

Hughes(1996)認為資料庫行銷是導源於直效行銷的一行銷方式,行銷人員藉由資訊系統來維護現有顧客與潛在顧客的資料庫,並由顧客一對一的互動中,不斷更新資料庫資料,使得行銷人員可以從資料中獲取行銷決策所需的資訊以發展行銷策略與計畫,建立長期的顧客關係,並增進銷售利益(何佳芬,2001)。整合行銷傳播重視資料庫的建立,資料庫的建立有助於與消費者培養長期的關係。

## (七)事件行銷(EVENT)

指企業整合本身的資源,透過具有企劃力和創意性的活動或事件,使之成為大眾關心的話題、議題,因而吸引媒體的報導與消費者的參與,進而達到提升企業形象,以及銷售商品的目的。

企業和消費者之間經驗、訊息持續交流的需求,造就整合行銷傳播的概念,也突顯事件行銷工具的意義。Schultz認為我們正處在一個淺嘗資訊式購買的決策時代,消費者處理資訊時的淺嘗手法,使得行銷人員必須屏除以往只是辦活動、嘉年華會的心態,而是以清晰、一致且易於瞭解

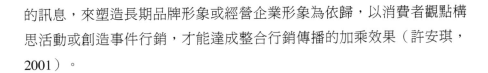

的訊息，來塑造長期品牌形象或經營企業形象為依歸，以消費者觀點構思活動或創造事件行銷，才能達成整合行銷傳播的加乘效果（許安琪，2001）。

## (八)運動行銷

運動行銷的定義是依其行銷者之主體性而定。美國學者Mullin、Hardy與Sutton（2000）認為，運動行銷意指包括了所有經規劃設計的活動，透過交換的過程（exchange processes），滿足運動消費者的需求（needs）與欲求（wants）。

運動行銷發展出兩大主體部分，一是直接地將運動性產品暨服務行銷給運動消費者；二是將其他消費性暨產業產品及服務，透過運動的促銷功能，行銷給一般消費者。型態上多為企業贊助、廣告或事件行銷方式進行，例如可口可樂贊助奧運會、職棒全壘打牆廣告或電視廣告、中華汽車曾文水庫超級馬拉松等。

在運動項目上，依運動產業類別中其核心產品服務內容而定。分為參與性運動項目（如上健身俱樂部、慢跑、打高爾夫球、游泳等）及觀賞性運動項目（如觀看職棒、職籃、冰上芭蕾等表演比賽）。企業在選擇運動作為行銷工具時，必須清楚瞭解不同運動的特性及獨特之處，才能做最理想的結合，例如形象的契合度、球迷與消費者的重疊性等。

## (九)人員銷售（PS）

指藉由付費聘請專業的銷售人員與消費者面對面的溝通方式來傳達訊息並促成交易，又稱親身銷售。當商品或服務的內容較為複雜時，人員銷售的方式就更顯得重要，如保險商品是一種忽略性商品，消費者不大會主動尋找此種商品，必須透過銷售人員向消費者解釋保單內容。

# 🛈 二、整合行銷傳播應用模式策略

## (一)Burnett與Moriarty之整合行銷傳播模式

　　Burnett與Moriarty（1998）認為行銷傳播的功能已經取代傳統行銷中的促銷地位，產品、價格、通路三者與行銷傳播共同組成行銷組合（marketing mix），藉著運用行銷傳播，可以將行銷組合中的產品、價格、通路三者的特色突顯，以加深對消費者的影響。且若以傳播的觀點來進行整合行銷傳播，則應將執行重點放在控制、影響所要傳遞的訊息，以整合所有行銷目的，如此一來將比傳統的行銷傳播計畫發揮更大的效益（圖2-1）。

## (二)Schultz、Tannenbaum與Lauterborn之整合行銷企劃傳播模式

　　1993年，Schultz、Tannenbaum與Lauterborn共同出版的*Integrated Marketing Communications*提出了一個理想化的整合行銷企劃傳播模式。這個模式是以消費者和潛在消費者的資料庫作為思考起點，總共有八個步驟（引自洪聖惠，2002）：

◆步驟1：建立消費者資料庫

　　資料庫內容至少應包括人口統計資料、心理統計和以往的購買紀錄。消費者態度的資訊，如消費者的產品類別網路及消費者對其所使用產品的聯想等資訊，對一個紮實的整合行銷傳播計畫是必需的。

◆步驟2：針對消費者資料庫進行區隔與分類

　　直接以消費者及潛在消費者的行為資訊作為市場區隔的工具。在此

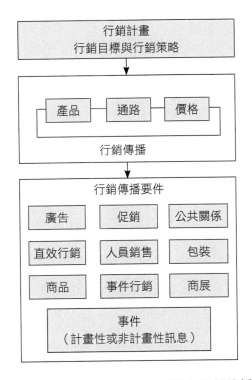

**圖2-1　Burnett與Moriarty之整合行銷傳播模式**

資料來源：Burnett & Moriarty (1998). 作者整理編譯。

我們將消費者分為三類：(1)對本品牌的忠誠消費群；(2)他品牌的忠誠消費群；(3)游離消費群。

◆步驟3：做出與消費者接觸的管理計畫

　　接觸管理是指：在某一個時間、地點，或某種狀況下，廠商可以與消費者溝通。在目前資訊超載、媒體繁多，充滿噪音的市場競爭情形下，決定如何（how）及何時（when）與消費者接觸，比接觸的內容（說什麼內容，what should be said）重要，同時接觸的方式也決定了要和消費者溝通什麼訴求主題（what）。「訊息的送達」是和「訊息的內容」分量相等，甚至更為重要。

◆步驟4：發展傳播溝通策略

此階段要決定：在何種背景環境（接觸管理）之下，該傳遞何種訊息？試圖藉此使傳播目標與某些行為產生關聯。

◆步驟5：品牌網路

在第四階段中，試圖引發的傳播目標與消費者行為產生關聯，該目標可以是消費者行為的變化，也可以是消費者或潛在消費者心中品牌網路的改變。

◆步驟6：確定行銷目標

根據傳播目標來制定明確的行銷目標，行銷目標必須非常明確，同時在本質上也必須是可以量化的目標。

◆步驟7：整合運用行銷傳播工具

決定要用哪些行銷傳播工具達成行銷目標。整合行銷傳播企劃人員擁有相當多的工具可運用，其關鍵在於哪種組合最能夠協助他達成行銷傳播目標。

◆步驟8：選擇適當的行銷傳播戰術

選擇有助於達成行銷傳播目標的戰術。可以使用的行銷戰術有無限的可能，包括廣告、促銷活動、直銷、公關及事件行銷，除此之外，店頭促銷活動、商品展示、產品包裝等，只要能協助達成行銷及傳播目標，都是傳播利器。整合行銷傳播最重要的中心思想就是：各種形式的傳播手段，都可以運用來完成我們所設定的傳播目標，並且由於傳播目標是由我們所欲改變、修正、強化的消費者行為所主導，所以依循此目標所運用的各種傳播手段才不會迷失。

## (三)Yarbrogh與Schultz之整合行銷傳播過程

　　Yarbrogh與Schultz兩位學者於1996年分別提出兩個相近的模式（Yarbrogh, 1996; Schultz, 1996；引自蔡美瑛、陳慧芬，1998），即整合行銷傳播的過程是起自於消費者或相關的資料庫，根據消費者實際的購買行為或習慣，再來制定銷售、行銷或溝通策略；接著制定細節的特殊戰術，最後對消費者的回應加以評估，並將新的資訊回饋至資料庫中（圖2-2）。

**圖2-2　整合行銷傳播的過程**

1.消費者資料庫：一般說來，資料庫是施行整合行銷傳播的基礎，也就是透過資料庫來幫助進行區隔和分析消費者的購買習慣。
2.策略：消費者分析的資料最後用於形成行銷、銷售及傳播策略。
3.戰術：一旦說服消費者的基本策略決定之後，然後特殊的戰術，如直接廣告信函（direct mail）、廣告、展覽等，才能夠選擇最好的特定目標市場。
4.評估結果：在戰術被實行了之後，消費者的回應和有關購買的新資訊就必須被分析和回饋到資料庫之中，以便再次開始整合行銷傳播模式的循環。

## 三、結論

　　整合行銷傳播應用策略的模式，在理論和實務上，眾說紛紜，莫衷一是，但其中最常被提及和倡導的是One Voice（單一訊息）策略。綜觀

整合行銷傳播策略中，學者專家嘗試提出一個完整的論述，以加強說明One Voice的價值，但迄今也只是大多數人的共識而已，尚未有進一步決斷性的理論出現。

首先One Voice策略必須建立在三個要素基礎，才顯得更有價值。第一是確立核心主題（Communication Theme）；第二是良好的連接點管理（Contact Point Management）；第三是造就品牌的權益。

論及確立核心主題，必須兼顧三個構面：一是強而有力的訊息；二是令人喜歡的訊息；三是獨一無二的訊息。尤其在主題上要充分表彰品牌的定位與價值，加強與其他品牌差異化的認知訊息。無論是市場或產品的區隔，透露更多品牌定位的訊息，產生更具市場價值的品牌，自然也可建立良好口碑，增強顧客再購的意願。

吾人運用One Voice策略，誤以為傳遞出單一訊息的接觸，僅止於廣告或公關的領域，其實是偏頗的。單一訊息的策略運用其實涵蓋整合行銷各傳播理論領域，它能使消費者和品牌的連接點得到良好的管理。換言之，在良好的管理下，消費者接受的訊息是一致的，同樣的核心價值產品，深深映入消費族群。舉凡公關、廣告、促銷、直效行銷、人員銷售等作為，反映出品牌的核心訊息。例如，標榜「創新科技」的品牌，在一貫的核心訊息，就是在企業體中，文化、管理、組織、領導及行銷上，處處傳遞出創新和科技的訊息，如產品的產出技能創新、科技化的管理模式、屢創佳績的行銷技巧等，在在顯露出單一而核心明確的品牌形象。

此外，One Voice單一訊息的策略，強調造就品牌的權益。始終如一的策略，應用所有的傳播工具，宣達核心一致的主題，最終即是不斷提升品牌權益。舉例來說，大同家電的深植人心，就是一個單一訊息的執行，雖然大同的產品眾多，如電鍋、電視、電扇等等，產品多而雜，但聚焦在國產家電，始終不混淆其品牌價值，如此策略，教育消費者清楚地認識大同品牌的價值。再者，黑松沙士的歷久不衰，亦是消費者對其九十年來核心主題的肯定。

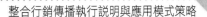

最後在企業體的單一訊息執行面上，運用的巧妙，即在於傳播工具散發出各階段的訊息，都不應違反品牌核心訴求，也就是不忘初衷的核心訴求。舉例來說，全聯福利中心常在農曆七月中作促銷，舉辦「鬼太郎中元祈福祭」活動，其活動內容、銷售點裝飾、抽獎和電視廣告，均圍繞此一主題進行。毫不避諱在傳統鬼月中，連續三年豎立顯明而具說明力的主題一致，成就全聯福利中心為零售業典範的地位。

總結來說，單一訊息的策略常在企業體中遭遇阻力，如拒絕改變的人力組織，或是無力的執行面等。在執行當下設立一個執行小組（Marcom Group），由上至下，可以是一個臨時編制的組織，也可以由高層人士直接領導；在澈底執行成功之前，由上位者組成的常設組織，較可能貫徹單一訊息的策略，完成整合行銷傳播的預期目標。

Chapter
**3**

# 與整合行銷傳播相關的
# 傳播工具

# 一、整合行銷傳播之傳播工具介紹

「關係行銷」為公關行銷衍生而出的新做法，負責企業與消費者和一切與行銷攸關事務的互動關係，包含新聞報導、聯絡和宣傳等基本公關工作，以及以行銷目標為主的積極作為——事前公關管理和事後危機處理，使企業與消費者真正達到雙贏（許安琪，2001）。

「活動行銷」係指企業整合本身資源，透過具有企業力和創意性的活動或事件，創造大眾關心的話題，藉以吸引媒體報導及消費者的參與，達到提升企業形象、銷售商品的目標，又稱為「事件行銷」。其類型包含：(1)銷售導向型，如新產品發表會、展售會；(2)新聞或消息型，創造新聞性、吸引記者報導；(3)特別事件創意型，行銷人員對產品創造出值得操作的議題，引發消費者對商品的興趣（許安琪，2001）。

許安琪（2001）將「口碑溝通」視為行銷傳播工具的一種，她認為口碑傳播的效果受溝通的資訊內容、接收者蒐集資訊的目的、來源者提供訊息的目的、來源可靠性、來源者對產品的評估效果、產品類型等影響而產生不同效果。

一談到IMC，許多人就會聯想到傳播工具間的有效整合，IMC所談論的有效整合，所涵蓋的範圍包括工具本身不同時間的訊息整合（如不同廣告campaign之間的連貫性）、不同行銷傳播工具之間的整合（其中包括廣告、促銷、公關、人員銷售以及直效行銷）、4P之間的整合（其中包括產品、價格、通路以及推廣；如產品包裝與定位之間的連貫性）、行銷部門與非行銷部門之間的水平整合（如客服部門的服務操作），以及不同組織層級間的垂直整合（如高階主管的言行舉止）等，在其中，工具間的整合顯然只是有效整合的環節之一而已。

如果從消費者的角度來看，我們就可以清楚地發現，任何足以影響其對形象認知的訊息來源（如客服人員的服務、人員的服裝儀容、寄給顧

客的帳單或通知單、網頁設計與互動機制、公司車的清潔度與司機遵守交通規則的程度、高階主管的言行舉止以及公司的重要政策宣示等），均是不容忽視的「接觸點」，也都應該加以有效控管。傳播工具與行銷目標及功能在例如建立形象、忠誠度等也會有所不同。因此，如果IMC想要有效操作，操作者就必須對消費者接觸點進行全面性的有效管理，並統整其訊息的一致性，而非僅將關注焦點侷限在傳播工具身上而已（**表3-1**）（黃齡嬌，2003）。

國內學者許安琪（2001）整理整合行銷傳播重點如**表3-2**所列。

### 表3-1　傳播工具功能比較

| 行銷目標與功能　　傳播工具 | 廣告 | 公關 | 促銷 | 直效行銷 | 人員銷售 |
|---|:---:|:---:|:---:|:---:|:---:|
| 建立知名度 | ○ | ○ | | | × |
| 忠誠度 | | | × | | ○ |
| 幫助品牌定位 | ○ | ○ | | | |
| 刺激再度購買 | | | ○ | | ○ |
| 建立參與感 | | ○ | | | |
| 接觸某特定目標 | | | | ○ | ○ |
| 刺激產品試用 | | | ○ | | |
| 品牌轉換 | | × | ○ | | |
| 建立形象 | ○ | ○ | × | | |
| 促進雙向溝通 | | | | ○ | ○ |
| 成本較低 | × | ○ | | | × |
| 個人化的溝通 | × | | | ○ | ○ |
| 公布消息 | | ○ | | | |

資料來源：黃齡嬌（2003）。

表3-2　整合行銷傳播定義重點及概念

| IMC定義重點 | 概念說明 |
| --- | --- |
| 形象整合、聲音一致<br>unified image<br>consistent voice | 將所有行銷傳播的技術和工具，採取同一聲音、同一做法、同一概念傳播與目標受眾，目的在於建立強而有力的品牌形象。 |
| 影響行為<br>affect behavior | 確認所有訊息都經策略性規劃與控制，以期透過整合影響目標受眾行為，並對品牌產生良好態度，以達成行銷目標。 |
| 由現有消費者出發<br>start with the customer<br>or prospect | 以消費者導向的「由外而內」的互動過程，依消費者需求、動機情報，量身打造適合的溝通模式，進而達成促購行為並建立品牌忠誠度。 |
| 使用所有工具接觸<br>use all forms of contacts | 發展傳播策略前，必須先決定「如何」和「何時」與消費者接觸（即接觸管理）。必須在規劃的時間內，透過各種可能且適當的管道，與消費者溝通。 |
| 達成綜效<br>achieve synergy | 策略性的整合效果，應大於廣告、公關、促銷等個別規劃和執行的成果，同時避免這些個別的行銷工具，競逐預算，或傳遞相互衝突的訊息。 |
| 建立關係<br>build relationship | IMC強調長期性去建立企業、品牌與消費者間的深層關係，而非僅一時的銷售行為，因為如此才能使消費者因重複購買，而建立品牌忠誠度。 |

資料來源：許安琪（2001）。

　　為求清楚明瞭各研究者撰寫之論文特色，故本研究將年份（含作者）、研究結果分別整理如**表3-3**。

## 🔵 二、整合行銷傳播之衡量構面

　　整合行銷傳播主要參考多位學者所贊同的研究主張，整合行銷傳播應包含「廣告」、「公關」、「銷售促進」、「人員銷售」及「事件行銷」等五個衡量構面，各子構面的操作型定義如下列所示：

表3-3　「整合行銷傳播」博碩士論文檢索系統相關論文一覽表

| 年份 | 作者 | 研究結果 |
|---|---|---|
| 2000 | 林宇良 | 1.企業必須掌握到消費者的需求，消費者才會產生購買意願。<br>2.國內廣告主流行比較的風氣，將會使IMC實行成功的效果下降。<br>3.企業需長期傳播給消費者有關公司一致性的形象。 |
| 2000 | 廖明瑜 | 1.太多的訊息反而會造成消費者接收上的困擾。<br>2.「品牌／促銷廣告」在形象面效果、行為面效果與整體溝通效果的表現都是最好的。而「公關／促銷廣告」在行為面效果與整體溝通效果上的表現良好；「公關／直接反應廣告」在形象面效果的表現亦可。 |
| 2004 | 汪玉頻 | 台中縣政府在「大甲媽祖」進香活動中的所運用的整合傳播策略是精確的掌握目標對象、選擇合宜的傳播工具及多媒體通路，並尋求民間資源挹注以確保「活動訊息」有足夠的曝光率。 |
| 2006 | 羅明宗 | 1.訊息整合，尚能有效整合提升傳播綜效。<br>2.傳播策略執行，認知整合仍需加強。<br>3.因經費有限，傳播工具仍嫌不足。<br>4.資料庫尚待建立形象整合，有賴良好的公共關係。<br>5.潛在問題，例如：<br>　(1)地方利益關係人整合溝通互動策略要良好。<br>　(2)活動要永續經營，需要有完整的經費贊助制度。<br>　(3)組織協調困難，資源整合平台要建立。 |
| 2006 | 陳璋玲 | 參與動機對吸引力具顯著性；行前期望對吸引力具顯著性；吸引力對滿意度具顯著性；吸引力對忠誠度具顯著性；行前期望對滿意度無顯著性；實際體驗對滿意度具顯著性；滿意度對忠誠度具顯著性。 |
| 2008 | 呂文彰 | 1.整合行銷傳播效果對消費者預期服務品質具顯著性。<br>2.消費者事前預期服務品質、實際消費後之實際知覺服務品質，及認知服務品質缺口對消費者滿意度均有正向影響。 |

## (一)廣告

　　Wright等人（1977）認為，廣告的定義基本上有兩種不同的觀點，即「行銷觀點」及「溝通觀點」。

◆行銷觀點

由美國行銷協會（AMA）所提出，其定義為：「廣告是贊助者對其提供的產品、服務及觀念所做任何付費形式的非人員展示及促銷。」

◆溝通觀點

其定義為：「廣告是藉著大眾傳播媒體所傳播的說服性資訊。因此，廣告是藉由傳媒形式將資訊傳遞給大眾。」

## (二)公關

Schultz、Tannenbaum與Lauterborn（1993）認為：「公共關係主要在整合商品行銷及服務之訊息與管理，促進購買為及維繫品牌忠誠度。」這定義說明訊息的傳遞以及行銷服務的管理，可以促進商品的促銷。因此，公關是將活動形象及活動訊息讓遊客瞭解並增加對活動之正面印象。

## (三)銷售促進

Pride與Ferrell（2000）指出，促銷（promotion）是製造商建立與維持跟消費者之間良好關係的溝通管道，促銷藉由告知（informing）以及說服（persuading）的方式讓某人或者是更多的消費者，能夠注意到該品牌以及接受該品牌的產品。因此，透過壓低價格或贈送之方式可讓顧客前往活動之目的。

## (四)人員銷售

屠如驥、葉伯平（1999）舉例指出，遊客主要的參考團體，如親朋

好友、同事及平常有往來之人，也都是遊客獲得訊息之主要來源。此種透過親友口碑介紹，可視為一種無形的人員銷售。以人員銷售的方式對柳丁作推廣，讓遊客瞭解活動目的並進而購買。

## (五)事件行銷

　　事件行銷意指企業整合本身資源，透過具有企劃力和創意性的活動與事件，使之成為大眾關心的話題、議題，因而吸引媒體的報導及消費者的參與，進而達到企業形象以及銷售商品的目的（張永誠，1991）。因此，運用企劃及創意來構思議題，讓遊客經由媒體的報導來參與活動。

# Chapter 4

# 電子商務產業——
# 以阿里巴巴為例

# 🄘 一、緒論

　　中國的經濟成長迅速，成長率常年在7%以上。單以在各項網路及消費數據上，相較於成熟經濟體美國而言，至少都有20%以上的成長空間。根據英國市調公司Mintel指出，2009年電子商務只占中國全部零售業的3%，到了2014年，電子商務的市場已經快速擴展到15.4%，總市值大約是4,090億美元（約新台幣12兆6,000億元），從數據上看，中國電子商務正在蓬勃發展。中國電子商務研究中心發布的報告，截至2014年6月底，中國移動電商市場交易規模達到2,542億元，較2013年成長378%，其中，因為行動支付比PC端支付快67秒，讓透過支付寶完成行動支付的訂單，可達每日1,800萬筆之多。

　　電子商務及行動裝置相輔相成，特別是第三方支付服務商將兩者緊密結合，開始改變消費者的消費習慣。阿里巴巴身為中國電子商務界翹楚，帶領企業結合政府與銀行的資源，於2003年推出了支付寶，完美整合了電子商務平台及第三方支付商進而發展出阿里巴巴模式，創造了阿里巴巴神話。2014年9月18日，阿里巴巴在美國紐約首次公開募股，創下全球證券史新紀錄，IPO募資金額高達243億美元。中國電子商務龍頭在國際舞台嶄露頭角，成為許多學術研究的重點題目。吾人將嘗試以IMC的角度來分析阿里巴巴企業王國。

# 🄘 二、CIS

## (一)理念識別（MI）

　　阿里巴巴攜著旗下眾多子企業共同肩負著「讓天下沒有難做的生

意」的使命，建立起強而有力的企業文化，秉持著不論公司到個人、製造商到供應商、批發商等都能始終如一的滿足各項需求，建立起交流的橋樑。新員工加入阿里巴巴集團的時候，需要在杭州總部參加全方位職業培訓和團隊建設課程，課程著重於公司的使命、願景和價值觀；公司員工也定期接受團隊建設訓練，在公司活動中再度強調這些內容。因此，無論公司成長到哪個階段，都能維繫彼此共同價值觀，保持一貫的企業文化。

## (二)視覺識別（VI）

在阿里巴巴的英文名alibaba中，a是開始，也是結束，象徵著阿里巴巴能夠有始有終，而標誌是一個微笑，代表著消費者笑臉、廠商的笑臉及員工的笑臉，展現阿里巴巴的理念，讓消費者及廠商可以透過阿里巴巴企業獲得雙贏的局面。

## (三)行為識別（BI）

1.客戶第一：客戶是衣食父母。
2.團隊合作：共享共擔，平凡人做非凡事。
3.擁抱變化：迎接變化，勇於創新。
4.誠信：誠實正直，言行坦蕩。

**阿里巴巴標誌**

資料來源：阿里巴巴官網

5.激情：樂觀向上，永不言棄。

6.敬業：專業執著，精益求精。

# 三、促銷

## (一)天天10元

1.活動內容：「天天10元」面向所有淘寶的消費者，為其提供各品類精選的優質折扣商品，且所有商品最高價格不超過人民幣10元；活動商品每天10點更新；所有活動商品的包郵範圍只限大陸（港、澳、台及其他海外地區除外），所以請香港、台灣及其他非中國大陸地區消費者購買活動商品時選擇淘寶官方轉運服務。

2.活動對象：大陸段包郵，僅限大陸段包郵；貨物到達香港、台灣及其他非中國大陸地區的二段運費需要消費者自行承擔。若涉及相關偏遠地區（具體地區範圍以各物流公司規定為準），附加費用需要消費者自理。非大陸地區消費者若實際收貨地址為非大陸地區，則需選擇轉運的運輸方式才可享受大陸段包郵。

## (二)支付寶紅包

1.活動對象：支付寶使用用戶。

2.活動內容：淘寶網提供各種紅包、積分和店鋪優惠券，購物時可以隨時享受折扣優惠，支付寶會在一些促銷活動期間發放支付寶紅包，用戶可以使用支付寶紅包在結帳時直接抵扣現金。

## (三)信用卡優惠

◆中國信託銀行

1. 活動時間：2014/7/1～2014/10/31。
2. 活動內容：刷中信信用卡單月消費累積滿新台幣3,000元送刷卡金100元，須上網登錄，每月限2,000名，額滿為止。

◆國泰世華銀行

1. 活動時間：2014/8/1～2014/10/31。
2. 活動內容：在淘寶網使用國泰世華信用卡單月消費累積滿新台幣3,000元送刷卡金100元，須上網登錄，每月限1,000名，2014/6/30前累積滿新台幣10,000元以上，登錄享1%刷卡金回饋。

◆Visa信用卡&金融卡

1. 活動時間：2014/5/1～2015/4/30。
2. 活動內容：台灣地區Visa信用卡&金融卡卡友於淘寶網、天貓或聚划算平台刷卡購物，單月單筆消費滿人民幣100元以上（含）滿兩筆即可以獲得人民幣50元支付寶紅包，同一淘寶網用戶每月限回饋一次，每月回饋1,000名。

## 🛈 四、廣告

　　阿里巴巴是一個電子商務的平台，所以本項研析將廣告分成兩類，一類是阿里巴巴企業本身對於外界的廣告，以此打響知名度；而另一類為阿里巴巴提供賣方使用者的廣告，讓使用阿里巴巴平台的賣方提高能見度。

## (一)阿里巴巴本身廣告CF

◆天貓「雙十一」廣告

**天貓「雙十一」廣告分鏡**

資料來源：作者翻拍

　　阿里巴巴旗下品牌天貓於2009年開始推行「雙十一」企劃，而「雙十一」在短短幾年時間演變成了中國網購的一大盛事，這項廣告便是以街訪為題材，讓路人們回答對於「雙十一」的印象、心願以及對於生活的影響，表現出「雙十一」已融入民眾的生活中，也提醒著年度的盛事即將到來。

◆「雙十一」搶購祕笈廣告

**「雙十一」搶購祕笈廣告分鏡**

資料來源：作者翻拍

　　此廣告開始便先介紹「雙十一」的由來，接下來並進而教導消費者在「雙十一」之前所需要的準備，第一個是「快」，需要準備高配備的電腦裝置加上快速的網路速度，在「雙十一」這場購物大戰中才不會慢人一步；第二個是「準」，在「雙十一」之前應該先列好購買清單，這樣才

能準確快速購買商品；第三個「省」，需要在各個品牌中，比較出性價比高的產品，透過以上的步驟，消費者可以在「雙十一」的搶購中脫穎而出。

◆台灣淘寶網貞子篇

**台灣淘寶網貞子篇分鏡**

資料來源：作者翻拍

　　此廣告描述一群女生在家裡活動，其中一名女生正在使用電腦，而貞子從電腦螢幕中爬了出來，女生們在驚嚇中發現貞子身上的衣服很好看，反而開始討論起要在哪裡才能買得到貞子身上的衣服，以此幽默訴求帶出，淘寶網上什麼東西都買得到，而且價格十分的便宜，最後連貞子都捨不得回去了。

## (二)阿里巴巴提供客戶的廣告

◆關鍵字廣告

　　阿里巴巴國際站是全球最大的國際貿易電子商務平台，海外註冊會員數已超過1,492萬，遍及全球260多個國家和地區，每天有上百萬海外

整合行銷傳播理論與實務

46

企業買家、採購主、批發商來到阿里巴巴國際站,進行搜索、詢價、交易。不同於一般搜尋引擎的關鍵字廣告,會來到阿里巴巴搜索關鍵詞的買家,是更專業並對產品有精準需求的用戶,相較於一般搜索類型廣告,買家採購需求更明確。由專業行銷顧問組成的全程免費代理操作團隊,可以根據用戶的推廣需求,為用戶量身打造客製化的精準網路行銷方案,並定期提供指導、操作效果報告及優化方案。不同於其他網站的關鍵字收費,阿里巴巴採用的點擊才收費的方式,如果消費者只有瀏覽而沒有點擊,並不收費,以此可以降低用戶廣告的成本。

## ◆站內廣告位展示

篩選消費人群最為關注的頁面設置廣告位,提高用戶的曝光率及點擊數,廣告素材約束少,用戶可以自由發揮,依照不同的頁面廣告位置及效益能力收費。

**淘寶網廣告位置價位1**

資料來源:阿里巴巴官網

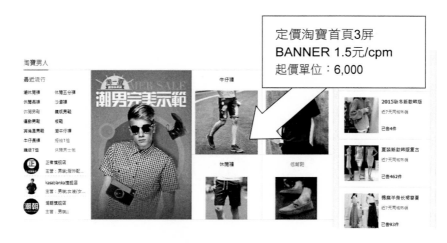

定價淘寶首頁3屏
BANNER 1.5元/cpm
起價單位：6,000

**淘寶網廣告位置價位2**

資料來源：阿里巴巴官網

◆超級賣霸

集中展示，依主題活動形式將各用戶產品分類集中，形成主題賣場，並利用阿里巴巴旗下三大平台的高瀏覽量提高效益，依照活動的時間長短收費。

◆淘寶直通車

展示在平台搜索結果頁面，能讓消費者在搜索商品時第一時間即可關注到賣方的商品，所以也是依照搜索結果頁面的位置及效能來進行收費。賣方可以選擇自己投放的時間及省份，能夠更精準的抓到消費者。

◆淘寶客

是由淘寶和同一集團下阿里媽媽合作開發，專為淘寶賣家打造，按成交計費的推廣模式。淘寶客從阿里媽媽拿到賣家待推廣商品的連結，在聊天、論壇、博客或者個人網站或其他地方幫淘寶賣家推廣，商品買家透

過推廣的連結進入完成交易後，淘寶客拿到該賣家發布推廣商品時承諾的一定比例傭金（引自阿里巴巴官網）。

## 五、公關

### (一)保護環境

空氣和水與人們的健康和生活息息相關。除了日常在公司內部提倡節約和回收資源，減少浪費外，阿里巴巴也提供美國大自然保護協會（TNC）和國家地理學會等非政府組織及慈善基金資金支持。自2010年起將年度收入的0.3%撥作環保基金，以鼓勵全社會關注環境問題。為支持保育活動，阿里巴巴亦禁止用戶在平台上發布任何與魚翅、象牙、熊膽、貓狗皮毛和肉相關的產品，或一系列其他由瀕危動物製成的產品。

### (二)提供災後救援

自2008年5月12日四川大地震發生以來，阿里巴巴集團即開始參與當地的災後重建工作。除了安排捐贈和關懷活動、向災民提供災後支援外，也特別在重災區之一青川縣推行一個長期項目，促進農村電子商務發展和就業，以助當地商家開展網上業務，自力更生。另一方面，阿里巴巴集團也在中國以外的地區協助災後救援，例如於2011年日本本州發生地震後，號召網商群體向災民捐贈亟需的日常用品；透過壹基金和中國紅十字會等機構，向遠至非洲東部和加勒比海的地區捐款。

### (三)鼓勵社區服務

為了在公司內部培養社會責任感，阿里巴巴集團鼓勵並且提供機會

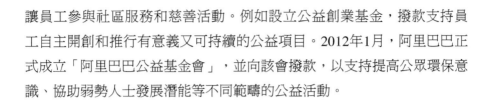

讓員工參與社區服務和慈善活動。例如設立公益創業基金，撥款支持員工自主開創和推行有意義又可持續的公益項目。2012年1月，阿里巴巴正式成立「阿里巴巴公益基金會」，並向該會撥款，以支持提高公眾環保意識、協助弱勢人士發展潛能等不同範疇的公益活動。

## (四)淘寶公益網

這是淘寶網特設的公益平台，服務項目有公益捐贈、公益義賣、公益拍賣等，詳細的為活動分類：公益領域、受益對象、受益區域。公益領域分成疾病／災害救助、教育助學、弱勢群體幫扶、環境保護項目；受益對象分成學生、兒童、老年、小學、三農、重病求助者、生態環境、青少年、野生或瀕危動物、殘障人士及自閉症／罕見病，如此詳細的分類可以看出淘寶網對於公益活動的認真奉獻。

## (五)E公益平台

是以支付寶為核心的公益平台，人們可以透過支付寶直接捐款至E公益平台的公益合作機構，中華思源工程扶貧基金會、中華社會文化發展基金會、中華社會救助基金會、中華少年兒童慈善救助基金會、中華環境保護基金會、中華慈善總會、中國社會福利基金會、中國人口福利基金會等近二十個慈善機構。

## 🛈 六、事件行銷

### (一)天貓「雙十一」節

1. 緣起：2009年，當時阿里巴巴旗下C2C營運模式的平台淘寶網已經有耀眼的成績，培養了一批忠誠度高的客戶，而阿里巴巴旗下B2C營運模式的平台天貓網卻一直打不開局面，為此，陸兆禧決定出手策劃「雙十一」，試圖開拓天貓網的市場。

2. 目標對象：喜歡品牌及正品的消費者。

3. 活動時間：每年的11月11號。

4. 活動內容：將天貓平台所有品牌一起整合，做出全場5折的行動，並保證不會再舉辦比「雙十一」更低折扣的活動，打出「錯過就要再等一年」的口號，吸引大量消費者，利用阿里巴巴所有資源做出為期一個月的宣傳期：準備期、預熱期、發酵期、活動期及尾聲。

   (1) 準備期：從8月份開始開放商家報名，制定出商家參與的商品量、商品類別等，並匯集所有商家的流量從中進行篩選，以期在初期便能夠吸引客戶點擊。

   (2) 預熱期：在前半個月，出動所有資源來吸引流量。從手機客戶端到全網的廣告，甚至是專門的廣告頁。就是讓客戶一定有機會看到、無法不觸碰到「雙十一」的商品。客戶所能做的也就是領取優惠券和收藏該商品，很大程度上吸引了注意力。不僅僅只是發送優惠券，天貓也利用了幾乎所有的管道，從手機抽送、店鋪自行發放、社群媒體協力放送都有。

   (3) 發酵期：根據阿里巴巴的研究網購的主體主要是80、90後等年輕消費族群，這群人對色彩鮮明的遊戲有著天生的興趣，因此天貓的活動設計人員抓住這點，以手機端為主做了許多的配套活動。

(4)活動期及尾聲：不斷地利用銷售數據來刺激消費者，並不斷地將口號「錯過真的只能再等一年」提出，讓消費者產生時間的侷促感，減少消費者的思考時間，進而增加交易成功率。

## (二)淘寶三八節

1.緣起：阿里巴巴為大力推廣O2O的商業模式所推出的活動，而O2O是指線上營銷線上購買帶動線下經營和線下消費。O2O透過打折、提供信息、服務預訂等方式，把線下商店的消息推送給互聯網用戶，從而將他們轉換為自己的線下客戶。

2.目標對象：使用手機淘寶的用戶。

3.活動時間：2015/3/8。

4.活動內容：用戶打開手機淘寶首頁後，用左上角的「掃一掃」功能對準相關商品的條碼，一旦掃碼成功就有可能以絕對優惠的價格購買到該商品，並享受到送貨上門服務。

## 七、結論

阿里巴巴是中國電子商務的標竿，目前業務範圍已經覆蓋了兩百多個國家及地區，特別是在中國龐大的人口基數以及中國經濟水準逐漸的提升，阿里巴巴旗下的C2C的淘寶及B2C的天貓在每年「雙十一」的購物盛典下獲得了亮眼成績，2009年以來「雙十一」的成就傲人。2009年，天貓商城「雙十一」銷售額為0.5億人民幣；2010年達到9.36億人民幣；2011年業績33.6億人民幣；2012年支付寶交易額飛速成長，達到191億人民幣，其中天貓商城132億、淘寶59億，訂單數共有1,058億筆；2013年，淘寶「雙十一」交易額突破1億人民幣只花了55秒，10億花了6分7秒，50億用

了38分鐘，到了凌晨5:49，阿里巴巴當日交易額突破100億，下午1:39達200億，下午5:31突破250億；去年，當天總交易額達到了350.19億人民幣。亮麗的成績，奠定了阿里巴巴在中國，甚至是世界的電子商務領頭羊的重要地位。

透過吾人的IMC分析，消費者可以體識到阿里巴巴的成功絕非偶然。阿里巴巴對於品牌的推廣、鞏固市占率及未來市場的開拓都有完整的策略活動，例如網路平台中對於賣方使用者或是合作的品牌都能提供完整廣告和推廣商品；又如量身設計的關鍵字廣告、提高曝光率的站內廣告位展示、整合商品主題集聚規模的超級賣霸、讓消費者準確獲得商品的淘寶直通車等，都讓品牌商品能見度大增，提高消費者對於商品的點擊率。阿里巴巴更精於事件行銷的運用，完美地將與購物毫無關係的光棍節「雙十一」，利用行銷的力量變化成了年度購物盛典，為阿里巴巴帶來大量的人氣以及培養出高忠誠度的族群。阿里巴巴的商業模式與行銷傳播，很值得研究者作更深度的研究分析。

# Chapter 5

# 時尚精品產業——
# 以昇恆昌為例

# 一、緒論

　　免稅商店昇恆昌，據點遍布全台機場及離島，目前共有十五處，年營業額超過200億元，占全台免稅市場逾三分之二的營業規模，遠勝不少知名百貨。昇恆昌於1995年創立，不到二十年即打敗競爭對手LV旗下的國際集團DFS（Duty Free Shop group），躍升為全台最大免稅商場，並在國際舞台上嶄露頭角，於新加坡國際免稅展中，擊敗泰國、馬來西亞免稅商店等各國強勁對手，奪下國際觀光旅遊零售產業媒體集團亞太區（DFNI）「單一國家最佳免稅零售業者」獎項。

　　昇恆昌配合政府推廣台灣觀光政策，提升離島觀光事業，目光鎖定小三通的旅客，積極在金門投入建設面積近3萬坪的免稅商場，以及設有276間客房（包含豪華湖景總統套房）的金門首座五星級飯店。秉持著「取之於社會，用之於社會」的理念，昇恆昌免稅店期待得以持續將愛與關懷的觸角延伸到社會上各個角落，並成為帶動企業社會責任新典範。昇恆昌努力付出，除了獲得第九屆國家公益獎以外，於2014年通過國際第三方公正單位的嚴格審核標準，獲得GRI G3.1及AA1000AS國際CSR企業社會責任認證，是台灣第一家獲得此獎的零售百貨業者。茲以IMC行銷技巧分析如下，藉之印證昇恆昌成功的版圖。

# 二、CIS

## (一)理念識別（MI）

### ◆免稅專業人才的訓練與培育

　　昇恆昌重視教育訓練，成立「昇恆昌育成中心」，由總經理專責職

掌，長期培養公司幹部，由上至下帶動全體員工，確實提升消費者滿意度，及鞏固公司在市場上的競爭優勢。

◆「以客為尊」的服務理念

昇恆昌秉持一貫專業服務理念，不論商品使用諮詢、售後服務等，都有專業客服人員做服務，立即給予消費者最適當、最迅速的回應及服務。

◆商品嚴選承諾保證

直接由原廠原裝買斷進貨，採用產銷合一，前店後廠的方式，嚴格為品質把關。

◆日新又新、創新求變

日新又新、創新求變，是昇恆昌不斷邁向卓越的基石，秉持專業服務精神，服務所有旅客。

◆參與公益、回饋社會

秉持著「取之於社會，用之於社會」的理念，昇恆昌免稅店持續將愛與關懷的觸角延伸到社會上各個角落，並成為帶動企業社會責任新典範。

## (二)視覺識別（VI）

昇恆昌免稅店為了與世界接軌，提升國際競爭力與拓展海外市場，以「Ever Rich，Ever Best」為核心概念，積極打造全新品牌形象，並強化品牌精神以符合昇恆昌在免稅商品、公共服務、社會公益等全方位經營目標。

以「圓」為設計概念的everrich英文小寫字體,象徵昇恆昌企業「謙遜踏實、圓融親和」一步一腳印深耕台灣,並「以人為本、服務為先」的精神,以專業貼心服務每一位旅客。而品牌主要色系以鮮明活潑為基調,展現企業創新、熱情與活力。同時多采多姿的色彩也代表昇恆昌多角化經營,商品豐富多元,不斷創新與堅持專業品質(引自ATCC官網)。

**昇恆昌Logo**

資料來源:作者拍攝

## (三)行為識別(BI)

為堅持「社會公益導向,利益大眾」的理念,昇恆昌對員工的照顧、對社會的關懷、對政府的貢獻都不遺餘力,尤其是台灣八八風災、高雄氣爆,乃至中國大陸四川汶川地震、南亞海嘯等災難發生時,昇恆昌都立刻捐贈金錢和物資進行人道救援,並鼓勵員工當志工,培養對客戶服

務的同理心，為台灣營造良好形象。這些努力在2014年5月得到國際CSR
企業社會責任認證，昇恆昌成為台灣首家通過CSR認證標準的百貨零售業
者，更是全球第一家通過此標準的免稅商店。

## ⓘ 三、公關

秉持著「取之於社會，用之於社會」的理念，昇恆昌免稅店為了能
持續將愛與關懷的觸角延伸到社會上各個角落，並帶動企業社會責任新典
範，分別設立了三個慈善基金會，昇恆昌秉持著企業回饋社會，關懷文化
藝術產業的精神，積極投入多項藝文活動之贊助，以落實文化藝術的推動
工作。

### (一)財團法人永瑞慈善事業基金會

昇恆昌董事長江松樺先生感恩其父江永瑞先生生前熱心公益，本著
「取之社會，用之社會」的處世態度，幫助照顧低收入戶及救助遭受急難
或災害者，並對兒童、婦女、身心障礙、老人等提供服務及福利，以弘
揚傳統美德，強化家庭照顧意願與能力，結合政府、各民間資源協助其自
立。

### (二)財團法人江許筍文教基金會

以推動文化教育事業，幫助弱勢暨偏遠地區學生，使其能夠安心向
學、健全成長。以培養健全人格、民主素養、法治觀念、人文涵養、強健
體魄及思考判斷與創造能力並促進對基本人權之尊重、生態環境之保護及
對不同國家、族群、性別、宗教、文化之瞭解與關懷為宗旨。

58

### (三)財團法人昇恆昌基金會

以推動觀光旅遊事業，提升國際旅客服務品質、發展免稅商店與國際接軌，並促進國際交流合作為宗旨。

### (四)挑戰自我！足球運動主題展

昇恆昌在公關活動中，尤其關注本國運動賽事，它以台灣在世界知名賽事中不斷挑戰自我，追求卓越而發光發熱的體育界一流人才與奮鬥故事，將桃園機場第一航廈B9候機室，打造成一座讓世界看見台灣體育的主題候機室，呈現出台灣體壇過去的經典紀錄、當代運動名人及體育主題系列櫥窗，台灣體育過去、現在、未來皆濃縮在此。

### (五)浯鄉懷景　楊佳廣蛋彩畫展

昇恆昌集團為加強與金門戰地文化的連結，特舉辦「楊佳廣蛋彩畫展」。由於對故鄉的喜愛與懷念，楊佳廣採用了古代歐洲所使用的繪畫媒材──「坦培拉」（蛋彩畫），來描繪家鄉金門的「戰地、閩南建築、風獅爺等特色文化」。蛋彩畫具有豐富的肌理層次及飽足厚實的色彩，精緻細膩中散發出迷人典雅的魅力，是用來展現故鄉金門鄉土文化特色的最佳媒材。楊佳廣因而將這項藝術技法，以推薦愛好藝術者更多元的藝「趣」出發，記錄家鄉景物、展現戰地之視覺藝術美，藉此介紹戰地文化特色。

### (六)「鳥語花香」　陳牧──工筆畫展

為迎接萬紫千紅的初春，透過昇恆昌展覽平台展現知名畫家陳牧老師的工筆畫，展現一花、一草、一鳥、一月所描繪的花、果、禽鳥等自然

**昇恆昌之顧客意見卡投入箱**

資料來源：作者拍攝

景物，在氣韻生動的畫面中，更隱約透露一股靈氣，栩栩如生、典雅淡彩的工筆畫風，帶給人們一些風景、一些空氣、與一些新氣象（引自昇恆昌官網）。

## 🛈 四、廣告

### (一)企業形象CF

此篇CF環繞著旅行為主題，側面表現出昇恆昌在其中的角色及服務，有旅客諮詢中心、免稅精品等，而昇恆昌的員工以熱情、親切的發自內心為消費者服務，體現出昇恆昌以客為尊的服務理念。

## (二)雜誌

在知名雜誌中購買版面及篇幅，能夠鎖定特定的消費者族群，並將昇恆昌的產品內容、活動快訊等傳遞給特定消費群，提高昇恆昌的曝光率，增加消費者購買機率。

**昇恆昌簡介目錄**

資料來源：作者拍攝

## 五、事件行銷

由於中國大陸經濟快速發展，消費水平大幅提高，昇恆昌看準中國旅客來台觀光的消費市場並配合政府的離島觀光政策積極建設離島，並在離島經營獲利的同時，仍秉持著「參與公益、回饋社會」的企業理念，與金門縣政府與國立金門大學進行產、官、學三方合作，多次舉辦典範人物——昇恆昌講座，邀請各個領域的成功人士來講座，深耕金門為金門的莘莘學子拓展視野、強化知識內涵。

## (一)我看金門的未來

1.活動對象：國立金門大學學生。

2.活動地點：國立金門大學。

3.活動時間：2015/3/20。

4.活動內容：邀請第十二任副總統蕭萬長先生分享對於金門未來的發展趨勢，並與三位兩岸交流及創業相關產業的成功人士一起探討金門的優劣勢與如何運用特殊地理資源等發展離島金門。

## (二)你的故事是什麼

1.活動對象：國立金門大學學生。

2.活動地點：國立金門大學。

3.活動時間：2015/5/29。

4.活動內容：邀請國立政治大學校長周行一先生為金門大學學生講述對於未來的規劃，對於即將畢業亦或找不到自己方向的學生授業解惑。

**昇恆昌金湖廣場**

資料來源：作者拍攝

# 🛈 六、多角化經營

　　昇恆昌集團投資近80億打造，號稱亞洲最大免稅商場「金湖廣場」及金門首座國際型觀光飯店「金湖大飯店」，於2015年3月19日正式開幕。在試營運期間為金門地區帶來700個就業機會，在所有員工中金門籍就多達七成。在飯店設施的部分則有小型高爾夫球場及三溫暖水療等等。而在金湖大飯店四樓與昇恆昌金湖廣場相通，有超過500個國際知名品牌，頗有將觀光住宿、購物血拼合而為一的經營策略（東森新聞，2015/3/20）。

　　昇恆昌多角化經營飯店業，將免稅商場與五星級飯店做緊密的結合，提供消費者美食、購物、休閒及住宿的一條龍服務。一條龍服務，就是把需要集中辦理的事項和具有內在關聯性的收費、服務及其他事項最大限度地調度，形成完整的服務鏈。昇恆昌的飯店經營不只是企業資源的整合，更是品牌概念的延伸，將「以客為尊」的品牌理念淋漓盡致地發

**金湖大飯店**

資料來源：作者翻拍

**金湖飯店簡介**

資料來源：作者翻拍

揮，提供近乎360度的服務，吸引消費者的目光並加強市場占有率，讓消費者食衣住行育樂脫離不了昇恆昌，加強顧客的黏滯性及提高顧客平均消費金額。

## 七、異業結盟

昇恆昌與台新銀行推出聯名卡：御璽卡、白金卡及無限卡，吸引台新銀行龐大的用戶群以此鎖定高端消費族群，形成「魚幫水、水幫魚」的良性循環與雙贏策略。

### (一)御璽卡、白金卡優惠活動

1.店內消費免稅再9折。

2.現金回饋：持卡人於國內消費享0.5%現金回饋；國外享最高1.5%現
　金回饋。

3.卡友專屬生日禮：生日獨享昇恆昌店內85折優惠券；生日當月起算
　三個月內，店內消費加碼至1%回饋（含原0.5%）。

4.御璽卡保費消費1%回饋無上限。

5.市區停車每卡每日最高免費2小時。

**台新銀行昇恆昌聯名卡申請書**

資料來源：作者翻拍

## (二)無限卡優惠活動

1.現金回饋無上限：航空公司／旅行社／國外消費2%、其他國內消
　費1%。

2.航旅尊寵：

- 環宇機場禮遇通關服務免費6次／年（價值NT$58,000）
- 機場接或送免費6次／年（價值NT$7,200）
- 機場接或送優惠價NT$380起6次／年
- 高鐵免費升等商務車廂6次／年
- 全球700個Priority Pass貴賓室
- 國際機場免費停車最高30天／次
- 旅遊平安險NT$5,000萬及其他旅遊保障

3.昇恆昌店內禮遇：

- 免稅再9折起
- 專屬禮賓服務／VIP活動／會員刊物
- 年度消費滿NT$100萬滿額禮（價值NT$28,000）
- 滿額禮卡友生日禮
- 店內免費停車
- 店內消費分期0利率

4.其他國內禮遇：

- 免費市區停車每天最高3小時
- 高爾夫球擊球優惠NT$1,800起
- 頂級美饌75折起
- 海外緊急醫療協助
- 24小時道路救援
- 無限祕書服務
- 不限金額消費簡訊
- 附加悠遊卡

5.【早鳥首刷禮】中華航空亞洲線來回機票：2015/6/30前申辦成功，於核卡30天內消費滿NT$100,000（含）以上，送中華航空「亞洲線指定之優惠航線區」經濟艙來回機票乙張。

6.【雄獅旅遊】昇恆昌悠遊無限卡獨享優惠：2015/1/1～2015/12/31
刷昇恆昌悠遊無限卡，購買雄獅旅遊指定行程最高折價NT$10,000
（引自昇恆昌官網）。

**昇恆昌聯名卡海報**

資料來源：作者翻拍

# ⓘ 八、結論

　　桃園機場公司負責免稅商店投標的業務人員透露，按照合約精神，
昇恆昌每賣出100元的商品，就要上繳20元的「權利金」給民航局，以及
每坪每月約4,000元的租金。2013年光是桃園機場，昇恆昌就上繳三十多
億元的「權利金」，推算實際金額，昇恆昌2013年在桃機第一、二航廈的
營收約一百八十億元，加上公司集團投資的采盟公司營收，兩者合計就
有二百五十億元；再加上高雄、台中等其他機場免稅店所貢獻的營收近
三百億元。為了提高毛利，昇恆昌採取「買斷」經營。包括旅客在機場免

稅店所見的化妝品、各大國際精品，甚至連員工，都不屬於各品牌，而是歸昇恆昌所有（OKAY，2014）。

昇恆昌曾經代理過的知名品牌包括GUCCI、Celine、COACH、a.testoni等國際大品牌，也是日本知名彩妝植村秀的台灣總代理，然而代理商一直很難避免當銷售業績營利大幅成長後，品牌總公司便將代理權回收並自營通路的命運，但昇恆昌在董事長江松樺先生的引領下，扭轉了代理商悲慘的宿命。江松樺先生認為昇恆昌的定位是打造一個獨特的精品銷售平台，透過上述IMC角度的分析，昇恆昌堅定的發展自己的品牌理念，以一系列的公關活動來強化推廣品牌形象，與台新銀行合作開拓深耕消費者並積極主動的與政府合作，例如這次桃園機場是採OT經營方式，按照合約規定，昇恆昌應該投資的金額是十億元，但截至目前為止，昇恆昌投注經費已經超過十二億元；兩座航廈的合約分別還有五年、九年，昇恆昌勢必還會繼續投入更多經費，讓政府放心並樂於將免稅的市場交給昇恆昌經營。正如江松樺先生所言：「我有員工、通路，比你（指國外總公司）深入瞭解台灣市場，還有許多know-how，才能拚出今天這樣的成績，你當然不能平白收回，請你『買回』。」以此建立起不可代替的銷售平台，讓許多國際大品牌不得不把產品代理權交由昇恆昌，這就不難瞭解為什麼昇恆昌能夠占有台灣近三分之二免稅市場了。

Chapter
**6**

# 家居量販產業——
# 以IKEA為例

# 一、緒論

　　「居家修繕DIY」的觀念，乍看像是隨著近來國內大型修繕工具材料量販店的興起，突然在這幾年間冒出來的新風潮，但事實則是先有此類量販店的出現，才突顯出社會普遍存在這類需求。

　　而今，台灣只要「賣場大，價格便宜的商店」都會被業者冠以量販店作為形象訴求，每個國家對於量販店的定義不盡相同，以台灣為例，量販店的定義如下：「量販店是一種大量進貨、大量銷售、商品陳列類似倉庫貨架擺設、消費者自助取貨經營的零售業」。HOLA特力和樂、特力屋、IKEA是台灣目前具同質性的量販店業者。

　　有別於HOLA特力和樂、特力屋的運作方式，IKEA開創出家具家飾量販店新的經營模式，從賣場的入口到出口，IKEA利用多年的行為科學研究，對於賣場的動線、置物櫃擺放都有所巧思，不同於其他賣場，IKEA將賣場分為熱區、暖區、冷區三個部分，最受顧客青睞的地方，就

**IKEA敦北店**

資料來源：作者拍攝

稱之為「熱區」，其次是「暖區」，最不熱鬧的則是「冷區」。以此原則，沙發單品展示區、廚房食品展示區和地毯展示區等的最佳銷售點，全都位於賣場的「熱區」，因此擺放的都是各品項的暢銷款。

IKEA更開業界先河，在家具家飾賣場中設置餐廳及兒童樂園，吸引並增加消費者在賣場停留的時間，而且在餐廳及兒童樂園中出現的所有產品，一樣在IKEA賣場中皆有販售，這樣不著痕跡的安排，消費者不知不覺中又多掏出錢來消費了。

# 二、CIS

## (一)理念識別（MI）

「種類多元的商品」、「讓人人都可以負擔得起的優質家具家飾」、「創造更美好的生活」，這三個是IKEA的最核心的理念，IKEA的營運策略環繞著這三個理念來制定跟運作。

### ◆種類多元的商品

IKEA商品多樣，功能眾多各具風格，涵蓋居家布置所有需求，從植物盆栽到客廳的掛畫家飾，從小朋友的絨毛玩具到廚房所需，無不多元而豐富。同時還別具浪漫、現代極簡風或鄉村簡樸等風格，諸多種類可任君挑選。每年IKEA除定期更新旗下約一萬種的商品外，還會再開發約三千種新品，提供消費者更多元的選擇。

### ◆讓人人都可以負擔得起的優質家具家飾

創造出更多便宜又優質的家具家飾是IKEA的企業理想，也是經營的核心理念。價格與數量是IKEA這部機器的核心，這種價量結構是利用

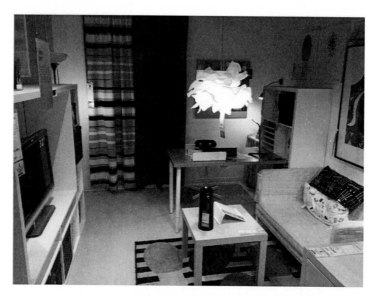

**適用單人生活（約八坪）的家具擺設組合**

資料來源：作者拍攝

「以量制價」的做法，向供應商承諾購買可觀數量的產品，要求供應商給予優惠價，並換取長達數年的合約，以此做法壓低成本，回饋到消費者的身上。

◆創造更美好的生活

在IKEA還沒出現之前，當消費者想要購買具有設計風格的家具家飾，通常需要花費較高的金額才買得到，追求居家品味變成少數有錢人的專利；而IKEA決定從一開始就走不一樣的路，IKEA和大眾站在一起，IKEA企圖去滿足每一個人的居家需求！IKEA每個人對於「家」都有著不同的要求、品味、夢想、靈感及預算；最重要的是──每個人都想要擁有更舒適的居家環境和更美好的生活，IKEA決心和大家一起來完成這個理想（引自IKEA官網）。

IKEA Logo

資料來源：IKEA官網

## (二)視覺識別（VI）

　　IKEA非常有名的藍黃招牌，靈感來自瑞典的國旗。而Logo中的黃色代表著明亮的光線，藍色代表新鮮的空氣。IKEA的名字取自創辦人的命名縮寫IK，以及他的出生地埃姆瑞特（Elmtaryd）及小村莊阿干那瑞（Agunnaryd）的第一個字母E和A。

## (三)行為識別（BI）

### ◆一同為孩子而努力

　　IKEA認為孩子是全世界最重要的人，不管在什麼樣的環境之下，IKEA相信所有的兒童都有權利享有一個健康安全的童年、穩定的家庭收入及接受良好的教育。IKEA Foundation與聯合國兒童基金會合作，一同改善孩童及其家人的生活品質，推動開發中國家的兒童及青少年的教育計畫，讓他們有能力為自己及家人創造更美好的未來，預計在2015年底之前，會有超過1億名孩童受惠。

◆維護女權

　　IKEA Foundation透過教育、專業技能培訓、改善醫療保健並提供貸款來資助經營小本生意等方式，幫助女性改善健康與教育，讓她們養活自己與家庭，開創更好的機會。

◆即刻伸出援手

　　因為自然災害與戰爭，每年都有上百萬個兒童失去家人與家園，IKEA Foundation已經向聯合國難民署捐贈7,300萬歐元，為衣索比亞、蘇丹與孟加拉的難民家庭提供避難所、醫療與教育（引自IKEA官網）。

# 三、公關

　　1996年IKEA表明原則：「IKEA做的每件事情，都必須經得起考驗」，自此IKEA企業致力於環境保護以及社會責任上面，成立了IKEA基金會，實現「永續發展的居家生活」的企業願景及理念。

## (一)慈善公益

◆填充玩具募款活動

　　透過IKEA每年的填充玩具募款活動，IKEA的消費者共同參與幫助非洲、亞洲、中歐及東歐數百萬兒童，改善他們的教育環境。在每年年底的佳節時期，IKEA店內每賣出一個填充玩具，就會捐贈1歐元給救助兒童會（Save the Children）及聯合國兒童基金會（UNICEF）。

◆照亮黑夜

　　SUNNAN工作燈結合太陽能及低耗能LED科技，只要將太陽能板放在戶外，在太陽下充分照射九至十二小時後，就能無須外接電源在室內任意角落以最大亮度提供三至四小時的照明。從2009年夏季開始，在世界各地的IKEA店內每售出一盞SUNNAN太陽能工作燈，IKEA就會透過聯合國兒童基金會及救助兒童會捐助一盞燈。第一批的捐贈是送給巴基斯坦偏遠地區和難民營中的小朋友，讓家中缺乏電力的兒童，也可以在晚上讀書、寫字和畫畫。

◆幫助印度女性提升權益

　　IKEA基金會的使命是在提升更多兒童的人權及生活機會，創造永續及永久的改變。這也是為什麼IKEA與救助兒童會一同贊助多項計畫，讓孩子從小就能有個好的開始。

　　透過不同的健康與營養計畫，IKEA期待超過八千萬的孩童及一千萬的婦女可以受惠。IKEA也同時也支持提升婦女權益的計畫。例如，幫助在印度北方邦（Uttar Pradesh）五百個村莊共五萬位婦女，努力朝創業、增加家中收入及參與當地的政治邁進。

◆禁用童工

　　IKEA絕不允許製造商及他們的包商僱用任何童工；除此之外，IKEA更主動積極地在各國預防僱用童工的問題。IKEA以IWAY作為IKEA規範供應商的準則，也以保護兒童權益為要務。IKEA相信要從更好的監督和規範來從根本解決童工的問題，這就是為什麼IKEA基金會非常支持聯合國兒童基金會和兒童救助會的多項提升兒童權益的行動（引自IKEA官網）。

## (二)環境保護

### ◆採用平整包裝

採用平整包裝，有效地減少包裝的體積，所以每次的運輸貨櫃都能裝載更多商品，進一步減少出貨的運輸次數，以達到降低二氧化碳的排放量。

### ◆森林保護

IKEA的樹木不是來自於當地利益相衝突或有爭議的森林，也不是來自未經過認證的原始樹林，而且IKEA為了確保供應商提供正確的資訊，IKEA林業專家會稽查所有的資訊，從供應商及次供應商，一路自工廠使用的木頭追溯到木頭的產地（王靖婷、謝昀津、莊燕亭，2014）。

IKEA回家真好電視廣告分鏡

資料來源：作者翻拍

# 四、廣告

## (一)廣告（CF為例）

廣告分析

IKEA主要以情感訴求來傳達消費者「家」的重要性，並符合IKEA一

直以來堅持的理念「創造美好的生活」，廣告一開始以一對老夫妻有四個女兒先後嫁出去，家中空盪盪的，只有老夫妻二人。IKEA幫助將舊房子重新設計裝潢，並邀請四位姊妹一起回家來看，一家人感動之餘，工作人員告訴四個姊妹，老夫妻的房子改造只是為了能夠讓她們多回家，將感性訴求提出，讓消費者感動之餘，更增強IKEA的品牌形象。

## (二)型錄

　　IKEA每年都會發行一本型錄，介紹新品以及暢銷品。鑑於行動裝置的普遍化，在2013年度型錄中，IKEA以擴增實境（Augmented Reality, AR）的技術應用設計出產品型錄手機應用程式APP，讓原本平面的型錄變得立體，在閱讀IKEA型錄時，增加了樂趣。蔡孟庭（2013）研究指出，擴增實境技術運用有助於IKEA品牌形象的建立，消費者認為IKEA因為推出AR的服務，對其品牌有「創新性、領導性」的正面印象；而AR也可以增強消費者的購買意圖，成為其至賣場消費的誘因。

IKEA 2015型錄1

資料來源：作者翻拍

78

IKEA 2015型錄2

資料來源：作者翻拍

## (三)IKEA雜誌

　　IKEA每月都會發行雜誌專刊，可以在IKEA官網上免費閱讀，有別於型錄，雜誌專刊介紹IKEA改造的成功案例、生活故事以及許多室內設計的規劃理念，並在雜誌內容都會顯現出個案中的那些家具裝飾IKEA都有販售，在不知不覺中，增加消費者對於IKEA的購物欲望。

IKEA 2015四月號雜誌

資料來源：作者翻拍

# 五、品牌

　　IKEA透過布置和空間陳列，把家具商品展現出來，讓我們親身感受「我家如果變成這樣，該有多好？」，不只是產品功能和外貌上的展示，而更是要我們在五官（眼耳鼻舌身）上盡情的體驗，這是一種更接近人心的接觸，IKEA透過賣場布置和陳列，創造出使用各式各樣的情境（Usage Situation），讓消費者對未來充滿想像。一旦消費者將IKEA的產品和自己產生連結，就會加深購買欲望（許子謙，2014）。

## 創造體驗環境

### ◆提供紙筆和量尺

　　賣場各個角落都有提供紙筆和量尺，讓消費者體驗一名室內設計師，消費者可以為自己的房子來進行規劃設計。

### ◆可自己挑選搭配

　　例如換換燈罩、挑選窗簾、地毯、餐墊、牆上海報、毛巾配色等等，IKEA產品風格多種，消費者可以為自己打造一個獨一無二的居家環境。

### ◆DIY組裝服務

　　可以自己組裝家具，提供自己打造居家環境的樂趣及成就感，儘管會多花費許多時間跟精力，不過還是很多人樂在其中。

◆組裝說明書

像樂高玩具一樣的說明書，增加組裝時的樂趣，可以簡單易懂教會消費者組裝，增加組裝成功的成就感。

◆兒童娛樂空間

IKEA的兒童區就像個遊樂園一樣，當小朋友玩得不想離開，也可以讓有小孩的消費者可以全心的體驗IKEA，體驗中不會受到兒童的干擾，遊樂園的設施也有銷售，如果喜歡也可以為自己居家打造一個兒童樂園。

◆餐廳

IKEA提供社交空間，也提供許多瑞典美食，除了內用之外，也有一些像肉丸子、藍莓醬、餡餅等等經典的IKEA瑞典美食可以外帶回去烹調。這樣安排會讓消費者融入IKEA的文化之中，並樂意在IKEA多加停留，也促使消費者不自覺再多買了許多商品。

◆不打擾政策

不同於其他賣場的「請勿觸碰」，IKEA不怕你將東西弄壞弄髒，可以讓消費者完全體驗商品，IKEA規定門市人員不允許直接向消費者推銷，由消費者體驗過後再自行決定。讓消費者可以四處體驗產品，提高消費者購物的機會。

◆讓別人幫你體驗

我們不可能在IKEA把所有家具都體驗過一遍，但因為是開放式的空間，我們常會聽到其他消費者的聲音，可以為消費者提供不同的建議，或是組合出不同的設計風格。

## ◆購物推車和購物袋

買家具，一年會買幾次？我們三年五年都不會更換一張沙發，更不可能每個月都往家具店跑。但購物推車會和我們常去的大賣場記憶相連，我們逛大賣場通常是為了購買生活必需品，所以也會降低消費者在挑選IKEA商品時的警覺心（許子謙，2014）。

## 六、SWOT分析

IKEA SWOT分析如**表6-1**所示。

表6-1　IKEA SWOT分析

| 優勢（Strengths） | 劣勢（Weaknesses） |
|---|---|
| 1.商品種類繁多。<br>2.商品價格便宜。<br>3.設計及研發出特色產品。<br>4.免費居家諮詢設計。<br>5.優秀的體驗設計。<br>6.開創擴增實境的技術應用先例。<br>7.消費者可自行搭配設計屬於自己風格的居家環境。 | 1.產品耐用性不佳。<br>2.專人組裝需另外收費。<br>3.商品配送需收費。<br>4.全台分店少，密集度不高。<br>5.台灣居家設計，大多掌握在女性。<br>6.廣告及促銷活動過少，較難吸引消費者。 |
| **機會（Opportunities）** | **威脅（Threats）** |
| 1.商品多樣化。<br>2.全球連鎖。<br>3.DIY風氣盛行。<br>4.建構網路購物平台。<br>5.台灣消費者對於居家環境逐漸注重。<br>6.台灣舊房子翻修裝潢較多。 | 1.競爭者增加。<br>2.全球暖化問題衝擊材料的取得。<br>3.經濟衰退消費者購買意願降低。<br>4.自然環境保護意識抬頭。 |

資料來源：作者整理

82

### ⓘ 七、結論

　　IKEA的經營優勢在於除了注重產品的性能與效益，更透過體驗行銷中感官、情感、思考、行動與關聯體驗的策略體驗模組來彌補傳統行銷的不足，將消費者購買家具家飾用品的過程轉化為體驗，增加消費者的參與感與認同，連結企業與消費者間的關係。

　　國內產業規模較小，若是僅守於提升產品性能與效益的傳統行銷手法，競爭力將逐漸減少。本研究建議經營者應更重視消費者對體驗的訴求，活用體驗行銷中的策略體驗模組，為消費者塑造更獨特與難忘的體驗感受，為產業加值。

　　事實上，IKEA在感官策略體驗模組中的聽覺體驗明顯不足，可以考慮推出符合品牌形象且有特色的主題曲，或在美食餐廳中播放瑞典歌曲，可以深化聽覺體驗。但整體而言仍瑕不掩瑜，尤以實品居家展示間為媒介所提供的體驗最能吸引消費者。實品居家展示間不僅陳列商品更製造特殊氛圍，幫助顧客形塑家的意象，是IKEA最具競爭力的特色，IKEA應持續推出各種不同風格的實品居家展示間供消費者體驗。

　　人們生活水準提升，自然對於品質要求也會逐漸提高，IKEA有鑑於此，也相當重視與努力希望能有所成長。IKEA的產品理念講求自然明亮的居家風格，兼具現代摩登設計感，並且秉持環保以及永續發展的理念，願對社會貢獻盡一份心力。

# Chapter 7

# 文化創意產業——
# 以誠品書店為例

84

## ⓘ 一、緒論

「文化」是一種生活型態，「產業」是一種生產行銷模式，這兩者的連接點就是「創意」，「文化創意產業」所指的不僅只是「文化創意的產業」而已，還要包括「生活文化的創意產業」。「生活文化的創意產業」的核心價值是「創意」，所以在產業中找到「創意」，在生活中有「創意」，這樣才是「文化創意產業的意義」。文建會給「文化創意產業」下了定義：「源自創意或文化累積，透過智慧財產的形成與運用，具有創造財富與就業機會潛力，並促進整體生活環境提升的行業」。文化創意產業範疇包括有視覺藝術業、文化展演設施業、工藝業、電影業、廣播電視業、出版業、廣告業、設計業、數位休閒娛樂業、設計品牌時尚業、建築設計業、創意生活業等產業。

GO survey市調網於2014年6月期間，針對HAPPY GO卡友進行「商品印象調查」，調查採用開放題讓受訪者自由回答自己最有印象的「書店」品牌。市調結果，誠品書店高達49.9%，將近五成的高度知名度，而在其他提問及加總後，整體知名度除誠品書店維持第一外（84.1%），金石堂也高達79.8%，與誠品比例接近。另外發現，誠品書店的知名度女性略高於男性，男性則對金石堂書店品牌印象較高。透過市調數據顯示，博客來排名第三，有32.9%的受訪者提到書店，就會想到網路書店博客來；就民眾使用習慣分析，近年只到實體書店購物的比例約有25%，而近一年只選擇在網路書店購物的約10%左右；從各書店品牌印象與服務特性比較來看，前二大主要實體書店，「誠品」具有品牌規模、環境舒適等特質吸引卡友及民眾前往，而「金石堂」對於消費者來說，有離家近、便利性高的特色，還有分店據點較多的品牌印象。從市調結果來看，誠品與金石堂各有特色，也各有忠誠的顧客群，但誠品還是占有較高的優勢，何以誠品仍能維持市占優勢？本章透過IMC的運作來加以分析，肯定誠品的作為。

## 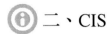 二、CIS

### (一)理念識別（MI）

◆誠品核心價值

　　誠品企業核心理念：人文、藝術、創意、生活，善、愛、美、終身學習。

◆誠品、eslite的由來

　　誠，是一份誠懇的心意，一份執著的關懷；

　　品，是一份專業的素養，一份嚴謹的選擇。

　　誠品的英文名稱，eslite，是由法文古字引用而來，為菁英之意，意指努力活出自己生命中精彩的每一個人。取名誠品，代表著誠品積極對美好社會的追求與實踐。

◆誠品願景

　　誠品期許成為華人社會最具影響力且獨具一格之文創領先品牌，並對提升人文氣質積極貢獻。

◆誠品使命

　　對華人當代的人民與土地具有實質的貢獻；對華人社會的未來發展注入創新的啟發；對華人未來願景的實現孕育新價值的典範。

### (二)視覺識別（VI）

　　誠品的Logo以品字標誌、eslite、誠品三個元素組成，而品字標誌是

運用日常生活周遭最常見的三大素材「鋼材、大理石、木頭」為構成元素，代表誠品賦予知識文化新的生命，使大眾能夠更加貼近人文藝術的生活；eslite，是由法文古字引用而來，為菁英之意，意指努力活出自己生命中精彩的每一個人；取名誠品，代表著誠品積極對美好社會的追求與實踐，表現出誠品品牌的人文素養，並在整體Logo規劃上，塑造出對台灣未來願景實現的新人文價值典範。

**⊹eslite誠品**

誠品Logo

資料來源：誠品官網

## (三)行為識別（BI）

### ◆誠品對美好社會的追求與實踐

誠品的創立並非源自一個商業思維，而是希望結合事業價值和生命價值，並帶給社會與城市正面的能量。誠品一路走來堅持對美好社會的追求與實踐，在善、愛、美、終身學習的價值中精進，而這種人文思維也逐漸形成了誠品人特有的企業文化，並內化凝聚成為經營企業的共識與道德標準。

### ◆播下閱讀的種子，孕結智慧的果實

集結二十年多來積累的文化資源，整合運用通路和宣傳資源，致力於社會閱讀的推廣。2010年誠品文化藝術基金會成立，延伸企業經營理念，期盼建立一個有書讀、愛讀書、讀好書的美好閱讀社會。誠品書店和誠品生活文創平台召集市民捐書、青年志工協助整理書籍，讓書香遍及偏遠地區。

**閱讀點亮城市**

資料來源：作者翻拍

### ◆經典共讀

2014年，誠品創立25週年之際，誠品積極推出「經典共讀計畫」，邀集長期關注社會的各界賢達以「青壯年世代於身處的這個時代之必讀經典」為選書方向，向讀者推薦經典書籍。

### ◆主題書展

誠品書店定期舉辦主題書展，對不同年齡、領域、需求的讀者進行主題推薦。

◆誠品講堂

　　誠品講堂以知識的載體、人文的發聲自我期許，至今已提供超過2,500堂課程，邀請600位講師授課，主題遍及各類文化相關領域，成為現代人不設限的知識交流平台。

**世界啤酒飲品大全——新書分享暨品飲會**

資料來源：作者拍攝

◆誠品文化藝術基金會

　　2008年，誠品書店整合實體通路和物流倉儲，打造書車、成立「行動圖書館」，2009年，啟動「閱讀分享計畫」，將數以萬計的書籍分享偏鄉地區。為有效進行資源整合，2010年8月成立「誠品文化藝術基金會」，持續執行「閱讀分享」、「深耕計畫」和「校園閱讀」，至今送出98萬本好書，服務超過2,000個偏鄉地區（引自誠品官網）。

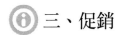 三、促銷

誠品書店會定期配合活動推出優惠折扣，可能沒有與其他競爭業者頻繁的做出大幅度的折扣，但誠品所擅長的是將附加價值加在一個良好舒適的讀書環境，做出差異化不與競爭業者大打價格戰。現今到誠品看書的人不再像以前書局一樣只能席地而坐，而是擁有一個舒適的空間提供顧客看書以及品嘗咖啡，結合書香與咖啡香營造出舒適的讀書環境及空間。

### (一)會員優惠

◆會員滿額送好禮

1.活動時間：2015/4/15～2015/5/10。
2.活動地點：新竹店。
3.活動內容：誠品人會員當日消費累積滿1,000元，即贈「註記古布書籤」乙個。

滿千送百——限時閱讀樂

資料來源：作者拍攝

◆新鮮限定誠品人來店禮

　　1.活動時間：2015/4/27～2015/5/10。

　　2.活動地點：信義店。

　　3.活動內容：誠品人會員於指定專櫃當日單筆消費滿1,000元，即可
　　　兌換「圖圖果霜‧優格50元商品折價券」乙張（每卡／每日限兌換
　　　乙張，限量6,000張，贈完為止）。

◆美好購物時光

　　1.活動時間：2015/5/1～2015/5/10。

　　2.活動地點：新板店5/1～5/10、板橋店5/8～5/10。

　　3.活動內容：

　　（1）5.1 Fri.～5.10 Sun.誠品人會員於新板店，當日消費累計滿3,000
　　　　元，即贈「全館現金券300元」乙份。

**誠品舉辦購物節均五折起活動**

資料來源：作者拍攝

(2)5.8 Fri.～5.10 Sun.誠品人會員於板橋店，當日消費累計滿3,000
元，即贈「全館現金券300元」乙份。

## (二)網路書局優惠

◆誠品網路外文館週年慶

1.活動時間：2015/4/25～2015/5/22。
2.活動對象：利用誠品網路書局消費者。
3.活動內容：
　(1)全館英文書79折起。
　(2)精選雙書77折。
　(3)特價書66折。
　(4)單筆訂單購買英文文學、人文、社科、商業書籍滿1,599元，加
　　碼贈送年度熱門書一本。

**時報閱讀大賞的參展書籍**

資料來源：作者拍攝

92

◆【恭喜畢業】最好的畢業禮，是一輩子受用的道理！

　　1.活動時間：2015/5/6～2015/6/30。

　　2.活動對象：誠品網路書局消費者中應屆畢業生及社會新鮮人族群。

　　3.活動內容：誠品精選書籍分類成：恭喜畢業、畢業就會懂、社會新
　　　鮮人三類，皆以79折促銷優惠。

# 🅘 四、公關

　　公關是指所有直接或間接關係人所做的各種溝通活動，其主要目標是提升產品、服務或組織形象，其溝通的對象則從股東、員工、一般大眾、媒體到政府機關。誠品積極的公關作為，就以社會關懷、在地育成、誠品文化藝術基金會等公關活動，積極推廣藝術文化、人文活動，既為社會負起責任也為品牌形象作良好的包裝。

## (一)社會關懷

### ◆兒少關懷

　　1.2010年，誠品與藝術家蔡國強、台北市立美術館，由7-11「OPEN
　　　小將家族」擔任公益藝術志工大使，邀請世展會的孩童參觀台北市
　　　立美術館，讓藝術開展視野，激發無限的想像力。

　　2.2011～2012年，誠品邀啟明學校、慧炬機構、花蓮卓溪國小等超
　　　過500位學童參訪，讓小朋友們透過不同感官體驗閱讀和藝文的美
　　　好。

　　3.2011年，誠品積極與信誼基金會合作，協辦瑞士隆奧銀行慈善拍賣
　　　會，將藝術文化活動與公益結合，匯集社會善心資源，拍賣慈善款

項合計新台幣654,800元，義賣所得將捐助弱勢團體，完成音樂治療輔助計畫。

4.2012年贊助信誼基金會「壽山杯公益募款高爾夫球賽」，為世界和平會募集「貧弱家庭兒童夢想起飛計畫」圓夢計畫，募得新台幣234,250元，籌備偏鄉孩童的課後輔導照顧。

◆人文關懷

2011～2012年，誠品與元大基金會合作「夢想，溫暖起飛」系列講座，邀請在各個領域勇於逐夢的12位名人分享關懷社會的夢想，總計超過700人次參加，共同聆聽突破逆境、讓夢想起飛的感動故事。

◆誠品會員公益捐點

2011年起，邀請誠品人會員共同實現社會關懷，將消費累積點數捐贈陽光社會福利基金會、兒童福利聯盟文教基金會、荒野保護協會、台灣世界展望會、腦性麻痺協會、喜憨兒社會福利基金會、誠品文化藝術基金會等機構。

## (二)在地育成

◆誠品生活文創展售平台

誠品生活自2013年起成立「AXES」、「expo」兩大自營品牌，展現台灣的時尚設計力量，開啟展售合一微型文創展售平台，目前已與超過百位台灣新銳設計師合作。

◆自策藝文活動

由詩人節、屋頂音樂節、春季舞台，以至於2013年開展誠品電影院、誠品表演廳之專業表演場域經營和活動策劃，誠品每年舉辦各類型藝

文活動超過5,400場，包括大型當代藝文設計展覽、現場音樂、劇場表演藝術演出等。

### ◆創意市集

2012年起舉辦「肖年頭家夢想市集」，提供台灣年輕富有創意的設計者實質的展售經驗、獲得市場測試的實戰經驗，目前已成功引進多個文創品牌進駐誠品生活通路。2010年，我們透過「New Design‧New Power」新銳設計師創意展售會，展出7位平均年齡未逾30歲的新銳設計師作品，實踐青年才子發光的夢想（引自誠品官網）。

## (三)誠品文化藝術基金會

### ◆深耕閱讀

台灣城鄉差距造成許多偏遠地區教育資源不足，誠品藉由提供捐書平台，讓學童們可以獲得圖書資源享受閱讀的樂趣，截至2014年6月，閱讀分享計畫已經在社會大眾廣大的捐書分享下，轉贈出超過88萬本書籍到2,800多個地方。

## 五、異業結盟

所謂異業結盟是指不同行業或不同產業的企業個體，為了在特定階段內能達到某種策略性目標，進而透過雙方互補性資源的交換所進行的合作行為（朱敏慎、蔡月蜜，1998）。

## (一)資源共享──玉山銀行

### ◆玉山信用卡　誠品人邀集令

1.活動時間：2015/4/27～2015/5/10。

2.活動地點：信義店。

3.活動內容：玉山銀行卡友當日刷卡累計消費滿額5,000元，即可立即升辦誠品人會員卡。

### ◆玉山信用卡　獨享刷卡加碼禮

1.活動時間：2015/4/27～2015/5/10。

2.活動地點：信義店。

3.活動內容：玉山信用卡卡友當日同卡刷卡累計消費滿額，憑信用卡、同卡號簽單及發票即可兌換指定贈禮乙份，滿5,000元送「300元現金券」，滿16,000元送「1,000元現金券」。

## (二)資源互補──複合式商店

　　相對於傳統商店的經營方式，企業化經營的複合式商店逐漸成為主流的販售趨勢，主要的考量因素包含了節省成本、增加來客數、擴大彼此的利潤成長空間（張惠玲等，2004），誠品複合式商店提供閱讀、音樂、文創商品、飲食等元素，具有運作規模，更加強化、豐富既有的商品結構，進而吸引更多的來客率，或是增加顧客的平均消費金額，誠品更是趁此發展自己的品牌進行多角化的經營。例如誠品的生活餐旅事業發展出幾個子品牌：誠品酒窖、eslite Café、Tea Room等，而文創商品更是立基於複合式商店建設了誠品生活文創平台。誠品生活文創平台厚植文化，澆灌創意，開展多樣性的文創交流平台，連結文化創意與商業活動，進行文化創意人才扶植、品牌育成、共榮共生。

# ⓘ 六、事件行銷

　　誠品經常舉辦展覽或是文藝活動，不僅僅是推廣文藝生活強化品牌形象，也藉此吸引大量消費者前來誠品書局，當誠品的來客數增加，消費者在不知不覺中出手購買商品，這樣更能增加商品交易成功率。

## (一)後花園市集　6、7月開始報名！

　　1.活動時間：2015/6/27～2015/7/4。

　　2.活動地點：新板店。

　　3.活動介紹：秉持誠品一貫「人文、藝術、創意、生活」之理念，在優雅閒哉的後花園中分享自然樂事、觸動無限創意，希望透過「後花園市集」，邀集社區居民與文創產業、街頭藝人，一同分享創造更多樣文化與生活交流的友善空間！

　　4.活動內容：

誠品後花園市集活動

資料來源：誠品官網

(1)販售商品：限二手、文創商品。

(2)街頭藝人展演（免報名費用）。

## (二)《南方六帖：王美霞的裡台南生命書寫》新書分享會

1.活動時間：2015/5/16 (六) 14:30～15:30。

2.活動地點：園道店。

3.活動內容：茶、木、樓、書、衣、髮，跨越五十年的在地文化歷史，穿梭出兩代的生命故事，王美霞以最新創作《南方六帖》交織出一幅感人的台南人文畫卷！

## (三)黑膠初學者大哉問──黑膠、CD、串流音樂，有何不同？

1.活動時間：2015/5/16。

2.活動地點：新竹巨城店。

3.活動內容：在音樂格式不斷推陳出新的現在，常有人問到底哪種的聲音好？然而，聽音樂是件很私人的事，聆聽的音樂、器材都有各自的喜好。也因為如此，比較少能聽到不同的格式所播放出來的音樂。這場講座，我們將一次帶您體驗三種不同的音樂格式，非評斷，純分享，感受不同世代的音樂感動。

## (四)小魯姊姊說故事《一起來騎腳踏車》

1.活動時間：2015/5/10。

2.活動地點：園道店／新竹巨城店／桃園遠百店。

3.活動內容：世界越快，心則慢！「每個人都應該有一台自己專屬的腳踏車！」不論是一個輪子、兩個輪子，還是三個輪子，都可以帶

你到很多地方，看見不同風景。慢速看世界，你會有許多有趣的發現！你在這本書裡看見了什麼呢？有各種各樣的腳踏車，還有各種各樣生活方式的人們。腳踏車還可以讓你自在、開心，還可以給你靈感、信心和勇氣。

# 七、結論

1991年9月，第一家誠品書店敦南店擴大營業面積，除了拓展書區書種之外，更增設了藝文空間，正式奠定了誠品書店在「開創性的書店經營」及「多元的藝文活動」兩個方向並進互動的文化參與角色。整體經營模式具體化之後，誠品書店展開了連鎖分店的拓展。為了延伸閱讀的多樣性，並服務不同地區的讀者，誠品書店每家分店除了延續基本經營特性，更強調依照區域需求，發展各異其趣的書籍內容及陳設風格，以此做到「連鎖而不複製」的經營理念，進行多元化的通路經營。

從IMC角度來分析誠品的行銷內容，發現它十分擅長利用公關來為企業品牌進行包裝，透過推廣大量的藝術文化的展覽及活動，逐漸將人文、藝術、創意、生活，善、愛、美、終身學習等緊緊與誠品融合，只要提到人文藝術活動就很難讓人不去聯想到誠品，甚至誠品已成為外國遊客來台觀光的地標。看似光環璀璨，但誠品並不是沒有隱憂，實體書局的漸漸衰微，網路書局紛紛崛起，網路書局並不像實體書局需要龐大的管銷費用，因此可以將管銷費用回饋到消費者身上，網路書局商品價格遠低於實體書局，實體書局已成了夕陽產業。另者，2015年5月間誠品與台北市政府為文創大樓掀起風波，所謂社會觀感不佳，無法扶植弱勢文創，更是嚴重影響誠品形象。面對困境，誠品急需要積極進行多角化的經營，擴大集團的價值，再強化企業的品牌形象，期能安然度過危機，再創輝煌歲月。

# Chapter
# 8

# 健康飲料產業——
# 以紅牛Red Bull為例

# 一、緒論

　　賣的不僅僅是飲料，Red Bull賣的是一種生活態度，是一種精神。企業和消費者之前經驗、訊息持續交流的需求，造就整合行銷傳播的概念，Red Bull正處在一個淺嘗資訊式購買的決策時代，所以產品所營造的品牌意涵便顯得十分重要，行銷必須屏除以往只是辦活動、嘉年華會的心態，而改以清晰、易於讓消費者瞭解的訊息，樹立品牌長期的權益及企業形象為依歸，帶入消費者的生活之中，才能達成整合行銷傳播的加乘效果。

　　Red Bull處在一個講求存在感的世代。部落格、智慧型手機、Facebook等，象徵Red Bull多麼渴望將自己的存在告訴這個世界。同樣地，經營一個品牌，也要以高分貝的方式聲明自己的存在。但是，「存在感」大概是當前台灣甚至中國的製造業者，容易略過的一件事。過往，處於價值鏈上游的製造業者往往以低調自詡，盡量避免吸引公眾目光。一方面，這是保障客戶的優勢不被競爭對手掌握。另一方面，代工者的優勢來自產品技術，而非知名度，因此與其打響公司名號，不如投注更多資源在開發更好或更具成本優勢的製造設備。不妨說，代工業的運作邏輯，僅在於賣出更多產品。一旦轉做品牌，企業主便要一改低調作風。因為品牌不只著眼於市場占有率，更要搶攻心占率（share of mind）及提高荷包占有率（share of wallet）。

　　星巴克、7-Eleven各以獨特的方式參與了人們的生活，讓每個人都能輕易看到、感受到，並買到他們的品牌商品，打造出難以撼動的存在感。與代工相比，品牌的運作，是利用存在感換取更多消費者的認同。很多製造業把銷售產品的工作交給經銷商，以至於無從瞭解自家品牌是否具有存在感。

　　機能性飲料品牌Red Bull雖然成分曾遭受爭議，但憑著在市場上風雨打不動的存在感，仍維持每年30億瓶的驚人銷售量。相較於傳統提神飲

料，Red Bull擅長用流行、充滿活力的風格來包裝它的品牌。例如，Red Bull每年不僅贊助多種運動賽事，更直接經營職業隊伍，如F1賽車Red Bull Racing、職業足球隊FC Red Bull Salzburg等。此外，Red Bull還聯合饒舌音樂明星Eminem主辦競賽，拉近與年輕人的距離。這些努力協助Red Bull從一個默默無名的飲料商，發展成深具存在感的國際品牌。其實，所有邁向成功的品牌，都要具備相當的存在感，無論公司規模大小、B2C或B2B。

第一要務，是創造品牌特有的文化，使目標族群容易親近並認同你的品牌。建立文化聯想後，企業接著要經營「品牌接觸點」，針對目標族群來設立零售點、拓展通路及溝通媒介、爭取曝光機會等。這讓消費者有機會體驗或想像你的產品或服務所帶來的好處。以台灣單車配件品牌Topeak為例，雖然企業規模有限，但憑著極有效率的通路經營，歐美單車迷都能藉由當地車行來認識這個品牌，扎實樹立獨特的存在感。先讓顧客感受品牌的存在，才有機會在市場上站穩腳跟，累積銷售實力。製造產品也許可以低調，但經營品牌這件事，需要大張旗鼓，與消費生活積極互動，千萬不可關起門來，孤芳自賞（管理雜誌第451期，2012年1月號）。

## 二、廣告（CF為例）

廣告與其他傳播工具最大的差異在於其傳播商品訊息的方式是透過大眾傳播媒體，由於將顧客視為整體來訴求，訊息內容不可能太過個別化或特殊化，這是廣告的主要限制（Gross & Peterson, 1987）。在電視廣告呈現的內容上，主要利用了幽默訴求，幽默成了共同語言，在越不景氣的年代，幽默形式的訴求越容易凸顯，利用劇情、生活化的表現方式來貼近消費者真實的生活，使用此方式來加強廣告效果，不但讓消費者對產品印

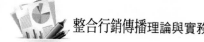
象深刻，也因創新的廣告手法所引起的話題與討論，再為品牌帶來更大的效益。

## (一)遺囑篇

**Red Bull遺囑篇分鏡**

資料來源：Red Bull官網

### 廣告分析

　　此廣告是敘述一位丈夫過世，律師宣讀遺囑的過程，但意外的是丈夫將所有遺產交給了情人，元配聽完馬上喝了Red Bull拿著遺囑，依靠Red Bull給的翅膀去天堂找丈夫詢問去了，以幽默的手法，表現了Red Bull的精神標語。

## (二)農場篇

**Red Bull農場篇分鏡**

資料來源：Red Bull官網

**廣告分析**

此廣告是以幽默方式呈現為什麼美國感恩節吃的是火雞，一開始印地安人帶著白人來到了農場，農場的動物發覺不對勁，小豬拿起了Red Bull喝了一口又給了牛，然後飛走，牛喝了又給羊，最後輪到火雞的時候，Red Bull已經被喝光了，沒有喝Red Bull就沒有翅膀，所以火雞逃不出農場，就成了美食，也演變成了感恩節為什麼會吃火雞了。

## (三)河馬篇

**Red Bull河馬篇分鏡**

資料來源：Red Bull官網

**廣告分析**

一隻母的河馬，坐在河邊補妝，河中的鱷魚虎視眈眈，期待河馬掉入陷阱之中，河馬補完妝又喝了一瓶Red Bull，走到了河岸，鱷魚就此偷襲了河馬，在一陣的搏鬥中，神奇的事情發生了，河馬走了出來，還背了一個鱷魚皮的包包，以此表現出喝了Red Bull能夠完成不可能的任務，挑戰極限。

## 三、公關

公關是種特殊的經營管理功能，有助於建立與維持組織與其公眾間的相互溝通、理解、接受及合作，並參與解決公共問題，協助管理階層促

進群眾瞭解事實真相、對民意有所反應、強調機構對於群眾利益所負的責任,並利用研究工具,隨時因應外界變化加以應用,形成早期預警系統,有助於未來的發展趨勢(Harlow, 1976)。

## (一)慈善公益(Wings for Life全球路跑)

### ◆Wings for Life介紹

Wings for Life全球路跑是個公益性的路跑活動,跟其他公益路跑活動不同的是,所有的報名費收入是全數捐與Wings for Life脊髓損傷基金會,所有收入將100%用在研究如何治癒脊髓損傷上。

Wings for Life脊髓損傷基金會創辦的原動力是世界越野摩托車錦標賽兩屆冠軍Hannes Kinigadner及Red Bull創辦人Mr. Dietrich Mateschitz。Hannes曾經是Red Bull所贊助的職業車手,後來因為意外成為脊髓損傷的患者。基金會成立的最初目的是想幫助極限運動選手,因為這些極限運動選手在練習或表演時有著相當高的風險存在,甚至是受到脊髓的傷害,事實上極限運動中受到脊髓傷害的患者遠不如車禍和其他的意外,而Wings for Life基金會所資助的脊髓損傷專案研究計畫所受惠的不僅僅是極限運動選手,而將會是所有的脊髓損傷患者。

### ◆活動內容

在每場「Wings for Life World Run全球公益路跑」的活動現場將會有一台終結者號(Catcher Car),作為移動終點線。比賽結束於最後一名跑步參賽選手被終結者號所趕上超越。為了讓選手在被追捕上前有參與比賽過程的機會,在世界各地路跑地點的終結者號將會在選手起跑三十分鐘後才發動引擎開「追」。到時每部終結者號的司機會在路跑賽程漫遊巡航,直到他們趕上並超越參賽的每一位跑步選手。今年夏天透過此方式舉辦的這場「Wings for Life World Run全球公益路跑」,意味是最慢被追上

的選手，將成為第一個抵達終點線的贏家。

「對某些人來說，終結者號（Catcher Car）將會是比賽中令人最激勵的部分；但對於其他人而言，則會是他們最大的恐懼。」

——科林・傑克遜（Colin Jackson），奧運會金牌得主
暨「Wings for Life World Run全球公益路跑」賽事總監

那麼終結者號將以怎樣的速度行進呢？終結者號一開始出發是以每小時15公里穩定的速度起步，第一個小時以這樣的速度慢步推近其行程。整整一個小時進入比賽後，則會轉速到每小時16公里步伐，接著下一小時速度再調升至每小時17公里。終結者號再更進一小時後則會加速至每小時20公里，然後接下來的兩個小時，繼續以這樣的速度追趕。終結者號從起始線一起步開跑的五小時後，最終將增快至最高每小時35公里的速度，並保持這個速度持續追捕，直到每一位選手被其趕上超越，終結該場比賽（引自Red Bull官網）。

## (二)食品危機處理

Red Bull在2001年被懷疑與三個消費者死亡有關，Red Bull飲料被瑞典國家食品管理局調查；2009年德國驗出Red Bull可樂（Red Bull Cola）含有0.4ppm的古柯鹼。這一連串的食品安全問題，對於Red Bull無疑是一個重大傷害，對於此重大危機Red Bull採取一系列的補救措施。

◆積極獲得國際食品安全認證，保證產品安全無虞

Red Bull創立的二十七年來已經有約莫500億罐Red Bull被消費者體驗過。一罐250ml的Red Bull含有80mg咖啡因，大約是一杯咖啡的咖啡因含量。除此之外的主要成分，歐洲食品安全局（EFSA）已在2009年證實無

健康疑慮。Red Bull飲料生產製造的各個環節都嚴格按照GMP和SSOP管理規範進行，並先後通過了ISO9001: 2000認證、ISO14001: 2004認證、ISO22000: 2005認證以及安全飲品認證等各項認證。上述認證的實施與操作，為Red Bull飲料的安全性與高品質打下了堅實的基礎。為此Red Bull於官網中整理了完整及常見的問題，建立一系列產品安全的Q&A，並給予詳細的回答，以釐清消費者疑慮。以下舉例：

- Red Bull能量飲料能否安心飲用？
- Red Bull能量飲料可否與酒精類飲料一起飲用？
- 過度飲用Red Bull能量飲料會如何？
- Red Bull會否因含有咖啡因成分而導致脫水現象？
- Red Bull能量飲料是否含有任何違禁物？
- Red Bull能量飲料的成分來自哪裡？又是如何製造的？

Red Bull官網的問與答

資料來源：Red Bull官網

## (三)自創媒體平台

如果你進入Red Bull的網站，會看到上面充斥著「文化創意」、「賽車運動」、「衝浪運動」、「單車運動」、「冒險運動」等標題以及內

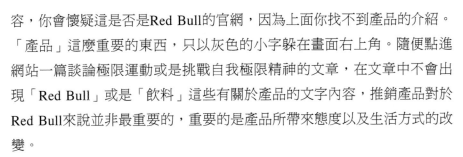

容，你會懷疑這是否是Red Bull的官網，因為上面你找不到產品的介紹。「產品」這麼重要的東西，只以灰色的小字躲在畫面右上角。隨便點進網站一篇談論極限運動或是挑戰自我極限精神的文章，在文章中不會出現「Red Bull」或是「飲料」這些有關於產品的文字內容，推銷產品對於Red Bull來說並非最重要的，重要的是產品所帶來態度以及生活方式的改變。

　　Red Bull不僅贊助活動，他們還主辦高空跳傘、極限單車、極限滑雪、跑酷，這些我們舉得出來的項目大概都舉辦過，大部分Red Bull見到的刺激畫面都來自這些活動。Red Bull最具雄心的行動之一是2012年「Mission to the Edge of Space」：奧地利極限運動選手、高空跳傘／定點跳傘好手Felix Baumgartner搭乘加壓艙，藉氦氣球上升至距離地面39公里的同溫層，然後縱身而下，並成功放出降落傘安全著地，創造了人類搭乘氣球升達的最高高度（39公里）、人類自由落體最高時速（每小時1,342公里）兩項世界紀錄，而且在自由落體過程中的極速還突破了該溫度下的音速。當時，全球共有超過800萬觀眾一起看著他從距離地面39公里的高度一躍而下。Red Bull的YouTube訂閱觀眾超過370萬，比GoPro更多，影片觀賞次數累計超過驚人的9億次，甚至還有跨平台的專用Red Bull TV App。

　　Red Bull在媒體著墨甚多，從2007年Red Bull Media House在歐洲成立，再接著擴張到美國，攻占各種螢幕（連Apple TV上都有Red Bull TV），還推出了數位與實體並行的雜誌*The Red Bulletin*，今天，Red Bull甚至被形容是「內容行銷的蘋果」，基本上這家賣能量飲料的公司已經成了一個多媒體的平台，而承載著行銷能量的，就是這些內容（Hank，2014）。

　　Red Bull自製的系列賽事節目，最為人熟悉的節目就是Red Bull Cliff Diving，Red Bull懸崖跳水世界巡迴大賽至今已邁入第五年，懸崖跳水既刺激又充滿冒險挑戰性，Red Bull化身為跳水台，當選手站在跳水台準備

落水一跳的瞬間，Red Bull同時也成為觀眾的目光焦點。令人屏息的精彩內容，更獲得ESPN的青睞跟Red Bull買內容播映權。

原創性高的Red Bull系列比賽節目，讓美國NBC廣播電視於2012年開始與Red Bull合作節目播出Red Bull Signature Series運動賽事，該節目刷新收視里程碑，平均每一季吸引了超過600萬的收視觀眾，首度合作就讓NBC嘗到成功的滋味。2013年NBC更簽下二十三小時的Red Bull自製的action sports系列賽事節目，並延伸至網路播放平台，觸及更廣大的收視群眾。超專業製作的內容，讓Red Bull的能見度更上一層樓，此外又可以替自己創造額外營收，Red Bull是名副其實的內容行銷王中之王，將對手遠遠甩在後面，走在趨勢的最前端。

Red Bull官網的網頁

資料來源：Red Bull官網

 **四、運動行銷**

　　Red Bull新的品牌內涵：動感、活力，具有和體育與生俱來的聯繫，因此，體育行銷是展現Red Bull品牌最適合的手段。但是什麼樣的體育運動最能彰顯Red Bull的品牌內涵，在體育比賽過程中如何才能最大限度地實現產品的商業價值，而不僅僅是做表面文章，這才是體育行銷真正要達到的目的。戰略目的聚焦在關乎於品牌，一個是進行產品品牌內涵的宣傳，一個是對體育項目本身品牌的樹立及占有。如果一個產品品牌長時間的支持某個體育項目，或者是最早地滲透到這個專案，這個產品品牌就能擁有這個體育項目本身所帶來的品牌效應。

　　從行銷目的來講，可能更多的是要獲得現場效果，包括現場的促銷活動、讓消費者得到產品體驗等，而活動本身必然會吸引媒體的注意，媒體對活動的報導自然會在某種程度上對Red Bull進行報導，從而吸引其他消費者的注意力。與戰略目的不同，這時關注的是一些更具有現實價值、現實意義的因素：有多少家媒體參與宣傳？有多少人會參加活動？現場可以擺多少促銷台？廠家有多少門票可以供終端促銷的時候贈送？消費者透過這次活動可以得到多少紀念品？這些因素都可以直接促進產品的銷售。

　　而行銷目的最重要的一方面的實現，就是由此瞭解到這部分人群、這部分細分市場的可靠的消費者資訊，包括消費習慣、消費心理等，比如他們喜歡哪些媒體，他們喜歡企業用什麼樣的方式推薦產品，他們喜歡企業對自身運用怎樣的一些銷售策略。Red Bull看重的不僅是這個人群的現實消費價值，更多的是培養他們對Red Bull的感情，培養他們對周圍人群的消費影響，如現在他對家庭的影響，畢業後對同事、朋友的影響等。從另一個角度來講，這些人是高素質的消費者，在社會上屬於具有號召力的人群，他的消費行為從某種程度反過來會體現Red Bull的品牌品質、個性

110

和文化（劉蔚，2013）。

## (一)F1賽事

2004年Red Bull購買福特捷豹車隊，並在2005年秋季又收購了米納迪車隊。新車隊雖成為Red Bull的姊妹車隊，但兩隊將各自獨立運作，讓擁有兩個車隊的Red Bull能夠培育出更多優秀F1車手。在2005年Red Bull車隊開始嶄露頭角，2010年、2011年、2012年、2013年皆獲得了車隊總冠軍。當Red Bull世界一級方程式賽車車隊，即將進入另一個關鍵新紀元，並閃耀推出第十代新車款之際，讓Red Bull快速檢視在賽車界最頂尖賽事中，Red Bull車隊所締造的輝煌戰績。

儘管F1賽車已歷經六十個年頭，但Red Bull車隊秉持著「Red Bull一定可以」的中心理念，為F1車隊的車庫區注入了新的活力與蓬勃的朝氣，並在賽道上締造了空前且豐碩的成果。

Red Bull F1車隊

資料來源：Red Bull官網

## (二)極限運動

Red Bull還舉辦一系列Red Bull冠名的冒險極限運動賽事，如Red Bull Cliff Diving懸崖跳水、Red Bull X-Fighters極限機車花式競技、Red Bull Air Race特技飛行世界錦標賽、Red Bull Dirt Conquers極限越野賽山車賽等，這些比賽的內容既刺激又驚險，成為Red Bull的吸睛引擎。Red Bull將比賽錄製成節目，透過自家媒體頻道播出，不僅將品牌自然地融入節目內容中，更重要的是藉由Red Bull運動賽事傳遞品牌精神「Red Bull給你一對翅膀及創意」，讓目標消費群體驗各種極限挑戰與生活冒險經驗（彭偉華，2014）。

Red Bull Air Race特技飛行

資料來源：Business Transworld網站

Red Bull Dirt Conquers極限越野賽山車賽

資料來源：Red Bull網站

## 🄸 五、事件行銷

### (一)從太空跳下

　　Red Bull是一種能量飲料，多年來都針對各種運動推出不同的行銷案，希望將各個族群一一擊破。2012年10月15日凌晨，超過800萬人次同時在YouTube上共享歷史性的一刻——奧地利極限運動家Felix Baumgartnert（菲力克斯・鮑嘉納）成功從太空邊緣跳回地球表面，成為人類史上第一位打破音障的跳傘好手！經過國際航聯（FAI，世界航空運動的國際性組織）確定後，他一共立下三項世界紀錄：(1)載人氣球達最到高紀錄；(2)最高的跳傘紀錄（海拔39.045公里）；(3)最快並超越音速1.24倍的自由落體速度（1,342km/h）。

Felix Baumgartnert從太空跳下

資料來源：Red Bull網站

## (二)Red Bull音樂學院

已成立十六年的Red Bull音樂學院，每年能號召全球有才華的音樂人報名徵選，共有60位音樂人，含各音樂領域的製作人、歌手、嘻哈音樂創作者、各式樂手與DJ等，將有機會於2015年10月25日至11月27日前往法國巴黎，體驗這場為音樂人量身打造的創作音樂環境和城市表演舞台，實際參與一系列的活動、展覽、工作坊、大師講座與錄音室實作。

Red Bull音樂學院向來為參與活動的音樂人量身打造創作所需的環境，從他們的行程、作息，甚至創作理念都一概顧及所需。Red Bull音樂學院（Red Bull Music Academy, RBMA）每年都以實體工作坊之活動形式作為音樂共享的理念，並且活動期間每兩週都有包羅萬象的主題舉辦現場表演或派對。

為了延續此音樂慶典的榮光，Red Bull音樂學院一如往年地，集結該屆傑出且風格獨特之創作者的音樂作品，以「音樂是非賣品」為概念的專輯發行，記錄當下來自世界各地音樂人投入創作的結晶。

　　Red Bull音樂學院的精神之於每年發行「音樂是非賣品」合輯的意義，在於創作發想都是來自當下RBMA舉辦的所在城市。也因為將來自全球各地與當地音樂人集結於同一時間和空間，才能產出如《音樂是非賣品》這般一時之選的傑出作品合輯。

　　以CD格式發行的合輯可於世界各地城市的一些音樂商店、夜店與文化發展空間索取——可詢問你所在城市的Red Bull音樂學院有關更詳細的資訊。此外，數位格式可瀏覽redbullmusicacademy.com之RBMA網站下載合輯歌曲（Red Bull音樂學院& Rasiel By FLiPER潮流藝文誌，2015/02/12）。

2015 Red Bull音樂學院網頁

資料來源：Red Bull網站

## 六、結論

　　Red Bull創始者Dietrich Mateschitz在媒體採訪時曾說到：「我們不是把產品帶給消費者，而是把消費者帶到我們的產品前。」這句話將Red Bull成功關鍵完全概括。不採取銷售為主的方式，長期經營品牌內容力，引起消費者興趣並購買產品，Red Bull算是「整合行銷」的經典與極致的

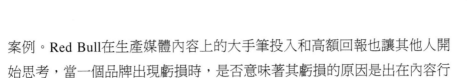

案例。Red Bull在生產媒體內容上的大手筆投入和高額回報也讓其他人開始思考，當一個品牌出現虧損時，是否意味著其虧損的原因是出在內容行銷，而非產品上。

最近Altimeter Group的一位分析師發布了一份報告，Rebecca Lieb指出品牌在內容行銷領域的五大階段就像是人類不同的肢體姿態：最初級階段是靜止站立，品牌對內容行銷充滿好奇，但還在觀望；而後開始逐漸做一些伸展運動，品牌對內容行銷產生認同，並進行嘗試性實踐；行走階段的品牌已擁有自己的行銷策略，而當它可以形成文化時，就進入到了小跑階段。最後的奔跑階段，即可以將內容兌現為貨幣，Rebecca認為這也是Red Bull目前所達到的境界。

品牌行銷活動是否成功，大致可以透過銷量、品牌意識和消費者的購買動機是否提升這三個標準來衡量。十年前可能沒有人知道Red Bull，時至今日，Red Bull的品牌認知度也許還不能和麥當勞與可口可樂相比，「但它或許能和星巴克相提並論了，並且還在不斷提升」。從這個層面上看，Red Bull的品牌行銷絕對是成功的。

總而言之，Red Bull可以分成三個關鍵因素：

第一，改變行銷的思維。行銷現今只是將產品包裝得美輪美奐、強調產品的功效已經不夠了，應該打造產品的消費者的生活方式、生活體驗以及產品的意象內涵，如此產品的價值自然水漲船高，這就是為什麼Red Bull可以賣得比其他健康飲料還要貴的原因。

第二，改變獲利模式。Red Bull的獲利不只是依靠銷售產品本身，Red Bull在各項賽事都有自己的團隊或贊助，也建立起自己的媒體平台，Red Bull將其三者完美的整合在一起，形成營收＝銷售飲料＋內容授權＋媒體廣告，讓品牌成為節目內容，而不是干擾內容的廣告，不再只是強硬而令人反感的置入式行銷，讓所有的行銷活動變得自然，在運動賽事中，看到Red Bull的標誌似乎是理所當然的事情。

第三，舉辦一系列Red Bull冠名的冒險極限運動賽事。例如Red Bull

整合行銷傳播理論與實務 · · · · · · · · · · · · · · · · · · · · · · · · · · · · · · · · · · · · · · · · · · · · · · · · · · · · · · · · · · · · · · · · · · · ·

116

Cliff Diving懸崖跳水、Red Bull X-Fighters極限機車花式競技、Red Bull Air Race特技飛行世界錦標賽、Red Bull Dirt Conquers極限越野賽山車賽等，這些看似與Red Bull產品本身毫無關係，但其實緊緊相關，所有的極限運動都代表著刺激、冒險、挑戰自我的概念，這些全部都是Red Bull的企業理念，所以每當消費者一想到這些關鍵字詞或生活經驗時，都會馬上與Red Bull聯想在一起，那購買使用Red Bull是不是也是一種挑戰。

# Chapter 9

# 風尚飲食產業——
# 以星巴克Starbucks為例

## ⓘ 一、緒論

　　台灣的生活消費型態在全面實施週休二日後起了急遽的變化。人們在追求所得之餘也開始講究消費樂趣，重視生活與兼具美學享受的消費型態，諸如藝術品的收藏、重視旅遊品質的休閒活動。環境氛圍的改變，開始有外國的消費品項陸續出現在台灣市場，各國美食、世界名牌甚至庶民的基層消費，幾可說全數攻陷食衣住行育樂各方面的消費市場。異國文化的衝激，已澈底改變傳統的生活方式。研究者以美國西雅圖發跡的星巴克咖啡，來見證生活美學形態改變消費市場的時代來臨。

　　人們既追求體驗美學，也一併學習外來文化的衝擊，咖啡遂快速占領台灣人的飲食文化領域，星巴克正是咖啡美學的代表。喝杯星巴克咖啡，體驗咖啡文化，感受美國文化的優越和便利，恣意的徜徉心思，放縱心情，這是何等的享受！統一企業股份有限公司101年度年報載明星巴克在2012年營業額達到台幣59億，確定它擁有台灣咖啡市場龍頭地位，在台灣咖啡文化的普及環境中，星巴克為台灣帶來全面飲食文化的變革，令人驚艷。

　　根據EOLembrain東方快線網路市調2013年9月針對市調會員所進行「咖啡品牌大調查」，詢問受訪者知道的現煮咖啡品牌，其中認知度最高前五名為：星巴克（96%）、85度C（94%）、City Café（86%）、Let's Café（85%）、Hi Café（71%），發現星巴克依舊是消費者最熟悉的品牌，而在連鎖現煮咖啡品牌的認知度上，女性消費者的認知度皆較男性高。且發現超商現煮咖啡品牌的知名度已打敗其他一般的專門咖啡連鎖店，比較各連鎖現煮咖啡店數，發現星巴克與85度C皆有300間左右的分店，而超商則有上千的分店，西雅圖及真鍋咖啡雖然分店數不多，但因開店已久且多角化經營，因此具有一定的知名度。進一步詢問受訪者半年內欲購買現煮咖啡品牌，大家想購買的品牌前三名為：星巴克（62%）、

City Café（47%）、85度C（41%），星巴克與City Café為女性購買意願較高，而85度C以男性購買意願較高。星巴克的成功行銷，不僅在台灣市場綻放多層次的傳播魅力，也是星巴克在世界級市場中屹立不搖的不二法則。

**星巴克保安門市室內裝潢圖**

資料來源：作者拍攝

## ① 二、CIS

### (一)理念識別（MI）——以台灣星巴克為例

前統一超商總經理徐光宇以5 C來象徵統一星巴克的企業文化：

第一個C是Starbucks就是Coffee（咖啡）。

第二個C是Connection，連結人與人的關係。

第三個C為Culture（文化）。

第四個C是Convenience（便利），從統一超商所賜。

第五個C是Chinese Food（中式食品），取自統一企業。

所以，徐光宇稱統一星巴克有好母親，傳承於統一超商的「真」、統一企業的「善」、Starbucks的「美」。統一超商有創新、專業、紀律的特質，統一企業一向秉持忠厚、親和、善良，Starbucks的浪漫、活力、自信。

## (二)視覺識別（VI）

星巴克（Starbucks）於1971年創立於美國西雅圖的派克市場。而它的命名是以赫曼・梅維爾在《白鯨記》一書著作中的大副之名（Starbuck）而命名的。那位冷靜又愛喝咖啡的大副史塔巴克，這個名字讓人連想到海上冒險故事，也讓人憶起早年咖啡商人走遍各地尋找好咖啡的傳統。

第一代的星巴克美人魚logo其實是深褐色的，取自於16世紀挪威的雙尾美人魚木雕圖案，她看起來嫵媚迷人、充滿冒險精神，就像咖啡一樣具有誘惑力，加上一個環繞著「Starbucks Coffee, Tea and Spice」的字樣，就

**星巴克Logo**

資料來源：星巴克官網

成為令人神迷的星巴克商標圖案。1987年星巴克總裁Howard Schultz改以綠色系為主色調，創造出明亮、活潑的感覺，並把美人魚拉近，讓大家更能清楚看見美人魚的笑臉，演變成為今日的星巴克女神Logo（引自星巴克官網）。

## (三)行為識別（BI）

### ◆尋找道德採購資源

找到最高品質的咖啡豆之外，是否能符合保護環境與道德採購原則，是星巴克對於消費者與咖啡農不變的承諾。2008年為止，星巴克已經完成77%的咖啡豆商品都符合這樣的採購信念，總採購數量已經到達3億磅的總額。除此之外，針對公平交易豆的採購中，這些可觀的數字，已讓星巴克成為全世界最大公平交易豆的採購者。

### ◆星巴克共愛地球計畫

星巴克共愛地球計畫是星巴克對品牌的承諾，從採購咖啡豆的源頭開始，重視與關注減少環境汙染的議題，同時參與產地社區的建設與服務。盡自己的一份力量讓更多美好的事物可以傳播開來，正是此計畫的原始初衷。

### ◆成為社區的一份子

星巴克持續推動自願性志工服務、推廣各項藝文活動，同時讓門市成為社區的一份子、社區的好鄰居。更希望連結彼此關係，讓星巴克門市成為最有人情味的咖啡館。

### ◆原住星希望

讓無數個經濟困難的部落孩子們，順利的踏上了求學的道路！這一

次的主視覺設計，由主角阿奈以及他的好朋友黑熊、山豬及貓頭鷹一起讀書，因為有大家的幫忙，所以山中除了風聲、蟲聲及鳥聲外，還多了原鄉部落裡孩子們響亮的讀書聲。期許2015年能繼續集結最熱情的夥伴們及長期與我們一同支持原住星希望的顧客們一起幫助阿奈，一起「讓山裡的讀書聲響亮起來」！（引自星巴克官網）

# 🅘 三、促銷

## (一)區域咖啡行銷活動

1. 活動一：顧客於活動期間（2015/4/22～6/22）至新北市門市（不含汐止區、淡水區、三重區）、湯城及二重門市、桃園區及中壢區星巴克門市，單筆購買下列任一品項，即可獲得手沖咖啡體驗券乙張。

   • 品項一：任一250g咖啡豆2包

**星巴克VIA即溶咖啡**

資料來源：作者翻拍

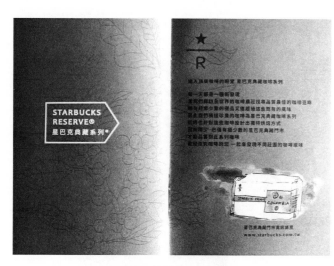

**星巴克掛耳式咖啡**

資料來源：作者翻拍

- 品項二：任一VIA即溶咖啡（12入）2盒
- 品項三：任一星巴克掛耳式咖啡（6入）3盒
2.活動二：顧客於活動期間（2015/4/22～6/22）至星巴克土城金城、永和中正、板雙、新莊雙鳳、蘆洲三民、八德桃大等6家典藏門市，點購手沖／濾壓系列乙杯即可獲得點數1點，集滿8點即贈送典藏門市專屬馬克杯乙個，兌換期限至2015/6/29。單店馬克杯數量有限，兌完為止。

## (二)星冰樂Happy Hour好友分享活動

1.活動內容：於活動時段到星巴克門市，購買兩杯相同容量／口味皆一致的星冰樂，其中一杯由星巴克招待。
2.活動時段：4/20（週一）、4/22（週三）、4/24（週五）、4/27（週一）、4/29（週三），這五天的14:00～19:00。

**星冰樂Happy Hour好友分享活動**

資料來源：星巴克官網

## (三)「遇見星冰樂」Sip Sip Face照片募集活動

2015/4/15～5/15期間，只要將你／妳喝星冰樂的照片上傳至「統一星巴克咖啡同好會」的活動專頁，就有機會獲得免費的365杯中杯星冰樂等共81個獎項！

1.活動時間：2015/4/15 (三)～5/15 (五) 23:59止（以系統時間為主）。

2.活動流程：

　　Step1→加入【統一星巴克咖啡同好會】

　　Step2→進入【粉絲專頁活動】

　　Step3→點選【遇見星冰樂活動專頁】

　　Step4→上傳【活動照片（不限星冰樂口味）公開分享並標註#遇見
　　　　　　星冰樂】即算成功參與

3.活動獎項：

  (1)星巴克隨行卡（內含365點活動點數）乙張，共計1名。

    可憑活動點數1點，兌換任一星巴克中杯飲料。

  (2)星巴克隨行卡（內含30點活動點數）乙張，共計30名。

    可憑活動點數1點，兌換任一星巴克中杯飲料。

  (3)星巴克隨行卡（內含2點活動點數）乙張，共計50名。

    可憑活動點數1點，兌換任一星巴克中杯飲料。

## (四)隨行尋味護照商品及優惠活動介紹

售價：350元（持隨行卡購買隨行尋味護照，將可享回饋價250元）

活動期間：2015/4/15～12/31數量有限，售完為止。

1.活動一：每本護照可免費兌換2杯中杯任一飲料。

  注意事項：

- 行銷優惠活動不合併使用
- 罐裝飲料、手沖及濾壓壺咖啡不適用
- 兌換完成請於在護照本上活動處蓋門市迴轉章
- 影印及逾期無效
- 本活動僅限台灣地區使用

2.活動二：持本護照至全台任一星巴克門市，並持隨行卡購買飲料可享免費升級優惠。

  注意事項：

- 每家門市每本限使用乙次優惠，每次優惠至多可享2杯飲料升級（需同時使用）
- 行銷優惠活動不合併使用
- 罐裝飲料、手沖及濾壓壺咖啡不適用
- 升級優惠為點購中杯升級大杯、點購大杯升級特大杯

3.活動三:持本護照可享購買城市/景點系列商品88折優惠。

注意事項:

- 每一城市/景點限使用乙次優惠
- 行銷優惠活動不合併使用
- 兌換完成請於在護照本上活動處蓋門市迴轉章
- 城市/景點系列杯包含3oz、16oz兩種容量
- 城市/景點系列杯包含馬克杯、隨行杯與3oz馬克杯組等品類
- 城市/景點系列杯不包含隨行卡
- 影印及逾期無效

4.活動四:持本護照並使用星巴克APP行動支付,可享好友分享優惠乙次。

注意事項:

- 每本護照持手機或平板電腦可享有買一送一乙次
- 使用優惠時將於護照本上活動處蓋門市迴轉章
- 折扣、優惠及各行銷活動恕不合併使用
- 兩杯飲料限現場同時領取,不適用於外送外賣及預訂服務
- 優惠品項依各門市現貨為準,罐裝飲料、手沖及濾壓壺咖啡除外
- 二航管制區門市(桃園國際機場第二航廈管制區內)及車道服務不提供此優惠
- 僅限台灣地區使用,逾期無效。統一星巴克顧客服務專線:0800-000-482

## (五)隨行卡專屬回饋——新品飲料嚐鮮價惠

1.活動內容:持隨行卡點購大杯仲夏野莓奶酪星冰樂或黑摩卡碎片奶酪星冰樂,可享免費升級為特大杯。

2.活動時間:2015/4/15(三)〜4/28(二)

注意事項：

- 任一折扣、行銷優惠活動恕不合併使用
- 商品數量以門市現有品項為主
- 統一星巴克保有對行銷活動解釋、修改、調整、終止等相關權利
- 如有任何活動內容修改，將於企業網站中公告說明

**隨行卡專屬回饋活動**

資料來源：作者翻拍

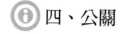 ## 四、公關

## (一)慈善公益

### ◆世界地球日活動捐款

在2011年4月22日參與星巴克「愛護地球隨手做環保」活動,該活動主要是鼓勵消費者自備咖啡杯點購飲料,除了每杯可享10元環保折扣優惠外,統一星巴克也將另提撥10元／杯,捐贈給「荒野保護協會」作為環境保育基金使用。當日全台星巴克門市共有12,977位消費者響應此活動,統一星巴克將提撥新台幣129,770元,捐贈給「荒野保護協會」為環境保育盡一份心力。

### ◆日本311震災募款救援計畫

3/18～4/14統一星巴克與台灣世界展望會合作「愛,能帶他們回家」小額募款活動,因為消費者的愛心參與,全台星巴克門市共募得2,097,671元。同期間凡點購每日精選咖啡／咖啡密斯朵的顧客,統一星巴克每杯捐出5元,飲料總提撥金額共計1,376,255元。兩者合計總款項為3,473,926元,全數將捐贈給台灣世界展望會飢餓三十──日本震災救援使用。

### ◆原住星希望

邁入第十五年的「原住星希望」,十多年來持續不斷地努力,結合各界朋友的支持和援助,確實提供幫助給部分原住民小朋友,一圓上學之夢!透過學習,他們能夠發揮天賦和專長,擁有更好的希望未來。學習是一條漫長的路,我們需要消費者更多的支持,讓孩子們能夠無憂無慮,持續不斷地擁有學習的權利和求知的幸福。邀請消費者一起守護孩子們的成

長，消費者的一點小幫助，可以給孩子們更好、更不一樣的未來！

◆ 星巴克抬頭行動

　　據統計台灣人每天使用手機時間高達196分鐘！扣掉工作8小時與睡覺的8小時，足足有半天的時間黏在手機上。這件事相當程度改變了消費者的生活習慣，對知名連鎖咖啡「星巴克」也造成相當程度的影響。對星巴克而言，它們的任務絕不單提供高品質的咖啡，更要打造出家庭與公司之外的第三生活空間，來促進人與人之間的情感交流與生活品質的提高，但在這個大家都低頭玩手機的社會環境，要求大家將手機放下好好的與親友一同享用咖啡，似乎成為了一個大難題。為了做出些改變，於是中國星巴克於2013年發起「抬頭行動」，定該年的10月6日為「抬頭行動日」，並於當天提供免費升級活動，號召人們一起「抬起頭，用心交流」（《聯合報‧財經觀點》，2014/11/26）。

## (二)咖啡講座

　　來到咖啡專區的消費者，除了可以試嚐由精品咖啡大師精心挑選、沖泡的咖啡外，更可與我們分享消費者對咖啡的喜愛與各種咖啡資訊。為了推廣咖啡文化，針對不同的主題，挑選不同的咖啡，與消費者進行咖啡品嚐。此外，僅有在咖啡專區，消費者有機會品嚐到來自全球市場的咖啡：如來自Starbucks Coffee於西雅圖的創始店——派克市場門市的「派克市場特調咖啡」。為了讓消費者與精品咖啡大師能有充分的互動與獨立的空間享受，咖啡專區將以店中店的方式呈現，流線形式吧台增進與消費者的互動，消費者也可透過咖啡地圖與咖啡圖片的陳設，增進對咖啡的瞭解，體會咖啡的多樣性格與面貌。讓咖啡不再只是單純的飲料，而是具有更多故事及專業知識的獨特文化（引自星巴克官網）。

表9-1　星巴克2015各門市咖啡講座整理

| 門市 | 講座主題 | 日期 | 時間 |
|---|---|---|---|
| 清境門市 | 居家手沖—三產區綜合咖啡 | 04/14 (二) | 14:30～15:20 |
| 台中新時代門市 | 綜合四產區獨特風味～禮讚綜合咖啡 | 04/16 (四) | 18:30～19:20 |
| 南投休息站門市 | 掛耳式咖啡vs.濾壓壺之閑庭綜合 | 04/20 (一) | 18:20～19:10 |
| 草屯門市 | 手沖咖啡—閑庭綜合 | 04/21 (二) | 18:30～19:20 |
| 國資圖門市 | 掛耳式咖啡～閑庭、派克、佛羅娜 | 04/23 (四) | 18:30～19:20 |

資料來源：作者整理

## 🅘 五、廣告（CF為例）

### (一)統一星巴克首支電視廣告

　　這是台灣星巴克首支CF，其主要傳達概念為：用心泡好每一杯咖啡，其中店員說：今天或許是夥伴泡的第一百杯咖啡，但卻可能是客人今天的第一杯咖啡。所以星巴克的店員每一杯都會用心，其中也有文字表現出星巴克對於咖啡品質的要求，例如14克的咖啡粉萃取2盎司的濃縮咖啡、萃取流速控制在18～23秒等，讓消費者感受到星巴克對每一杯咖啡的堅持。

### (二)相約星巴克　一起遇見美好

　　此廣告為紀念星巴克17週年所拍攝，以17諧音為一起，「一七一起，一到一七都一起，十七年交織出多種關係，牽動了無數可能·不論在哪裡相遇，總能漾起你我一起的美好回憶·踩著大地，已經數到了第17顆星，連成了一條希望綠線，謝謝您17年來與我們相約星巴克一起遇見美好」。廣告中，表現了星巴克融入現代人的生活，可以一起與朋友分

享、一起在星巴克中成長、一起見證生命的每一刻為主軸，星巴克不只是一個咖啡店。

### (三)完美咖啡旅程

此廣告以倒敘的手法告訴消費者星巴克咖啡的所有生產過程，首先告訴消費者，星巴克會用心的煮泡咖啡，星巴克的店員會記住消費者的名字及喜好，再來倒敘到咖啡豆在美國以星巴克獨特的烘焙方式處理咖啡豆，再來倒敘到咖啡豆的種植地，讓消費者瞭解，星巴克對於咖啡嚴謹態度以及友善的對待咖啡農。

## 六、異業結盟

### (一)與超商策略結盟

Starbucks在全球北美市場以外，首次授權星巴克以外通路，販售Starbucks咖啡精品（Fast Moving Consumer Goods, FMCG），在台灣7-ELEVEN獨賣。雙方再度策略聯盟，合作開發七款咖啡商品、兩款暢銷咖啡豆。前統一超商總經理徐重仁表示，關係企業效益要極大化，因此透過集團內部的資源整合機制，彼此發揮所長，創造更高業績和效益。繼7-ELEVEN推出星巴克中秋月餅預購業績頗佳，因此雙方再度合作，由統一星巴克為7-ELEVEN量身訂作商品陳列架，計畫為7-ELEVEN創造一年超過2億元的業績。

### (二)與電子商務結合

星巴克和網路零售商Kozmo.com已達成為期五年15億美金的協議，由

Kozmo提供美國的五大城市（波士頓、紐約、西雅圖、華盛頓、舊金山）與郊區間，運送星巴克產品的服務。星巴克同意以收取手續費方式，接受Kozmo的顧客在網上訂購商品。這種首先結合傳統與電子模式，由一方提供真實經銷據點空間，另一方提供快捷虛擬網際商務，使得雙方皆受惠的經營策略，未來只可能會增加而不會減少；以往網路為人詬病的兩大缺點：吸引新客戶群成本與退貨的便利性，已有新的解決方式可克服。因此未來數月間，類似這類結合的方案數目將遽增（邱怜維等，2004）。

### (三)結合博客來鑽石會員促銷

與台灣網路書局龍頭博客來結盟，提供博客來鑽石會員相關優惠，增加消費者的購買欲望，以及透過博客來網路的高曝光率，大大增加星巴克的能見度，營造雙贏互利的局面。

## ⓘ 七、結論

星巴克最大的競爭利基在於品牌在消費者心中不可動搖的地位，從前的行銷操作上，杯子及人文故事上兩者曾有顧此失彼的情況，現在則是好品牌加上好商品的策略模式，強化產品面上讓消費者體驗什麼是好咖啡。做法是，在品質上強化好的咖啡的面向，用感性的訴求來帶出咖啡的專業，強調咖啡的浪漫、人文氣息；在身處於星巴克特地營造的環境氣氛中，更增強了咖啡品質、口味、人文的品牌形象。星巴克未來要更進一步，用感性的訴求帶出咖啡的專業，用好品牌加上好商品來鎖住消費者善變的心。

星巴克品牌的成功毋庸置疑，但是它的發展並非沒有隱憂。美國本土業務的縮減、新興國家市場的急速擴張、新品牌如東南亞的白咖啡和韓

國Café bene的加入競爭，瓜分部分市場等，再則發展速度與品質無法兼顧，諸如此類潛藏的危機，在在都是迫切有待面對的課題。

雖然面對競爭和衝擊，但星巴克篤定而堅信自己的品牌形象，咸認為這是它的最大強項。結合社會資源的公共關係，讓它的行銷策略得到成功，適時的促銷活動也深得民眾青睞，綠色美人魚的Logo就代表著星巴克深入人心的圖騰。

# Chapter 10

# 航空科技產業——
# 以長榮航空為例

# 一、緒論

國際航空運輸協會（IATA）2014年12月10日公布預測稱，2015年全球航空業的最終利潤將比2014年增加26%，約可增長250億美元，創下史上最高獲利規模。航空界業績提振主因在於原油價格下跌燃油費用降低，再將降低的費用反映在票價中。IATA預測，旅遊需求趨勢不斷擴大，2015年全球航空旅客人數將增長7%，增至35.3億人次，以亞太地區為中心的各大航空公司將增加航班數量。但因航空席次增加的速度會高過於遊客增加速度，可預見飛機的上座率反而會有所下降，將從2014年的79.9%下降至79.6%。雖然如此，但因燃油費同時降低6%，整體營運費率連帶下降3個百分點，來到26%。受到有利因素影響，未來航空業利潤將大幅增加，預計總營業額將同時上漲4%，達到7,830億美元規模。

廉價航空近幾年來發展迅速，在歐洲、北美、澳洲以及東南亞已成庶民飛航的主要選擇，漸有取代傳統航空的趨勢。近年來國內興起了自助旅行的風潮，精打細算的消費者越來越喜愛選擇搭乘廉價航空。面對環境變異的趨勢，我國的長榮航空卻逆勢積極做出差異化操作。長榮航空自2004年以來，屢次獲得德國專業航空雜誌*Aero International*，評選為全世界十大安全航空公司之一；美國著名旅遊雜誌*Travel & Leisure*更於2010年及2012年評比長榮航空為「全球十大最佳航空公司」（Top Ten International Airlines）。全球知名航空專業網站AirlineRatings.com日前公布全球航空卓越大賞評選結果，以航空公司2014年飛安及創新服務表現評選出2015年具領導航空業發展趨勢之航空公司，長榮航空榮膺「亞太區最佳長程線航空公司」以及「全球十大最佳航空公司第七名」；長榮航空於2014年1月初也曾獲得該網站評比為2013年全球最安全航空公司之一。長榮航空無畏於強勢競爭，秉持「飛航安全快捷、服務親切周到、經營有效創新」的經營理念深耕航空市場，創下輝煌成就，長榮航空的品牌經營是很好的借鏡。

## 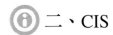 二、CIS

### (一)理念識別（MI）

「飛航安全快捷、服務親切周到、經營有效創新」是長榮航空核心理念。台灣之翼的精神：長榮航空開航時，即努力打造搭乘長榮感受不同的訴求，以熱忱、親切的機上服務及安全、精緻的飛航品質，實際給予旅客賓至如歸的真實體驗。基於飲水思源的情懷，及在國際上突顯長榮航空是來自台灣，特自我期許為——台灣之翼——之象徵，希望在傳達長榮航空充滿活力、朝氣之企業形象的同時，亦要告知全世界，長榮航空以能代表台灣為最大榮耀，期盼能鼓動生生不息的台灣之翼，載您飛往世界各個角落。

### (二)視覺識別（VI）

英文名稱EVA（EVA Airways Corporation），取自長榮集團英文名稱EVER GREEN GROUP之字首，加上航空事業AIRWAYS之字首組合而成。不論是「長榮航空」或「EVA AIR」，都代表著延續長榮集團積極進取、熱忱服務、團結合作與創新挑戰的精神，也為長榮集團建立海、陸、空跨越全球之服務網，開啟嶄新的一頁。在色彩上沿用感覺潔淨明亮的綠色和橘色系，在標誌上則將熟悉的長榮集團象徵——經緯線勾勒的地球圖形和鑲嵌於內的羅盤——以超越圖面方式表現在飛機尾翼上，其鵠首向上的衝勢，引領視覺直上雲霄，匯注長榮挑戰突破的不懈精神（中山大學West BBS-西子灣站，1998）。

**長榮航空標誌**
資料來源：長榮航空官網

## (三)行為識別（BI）

　　長榮航空秉持「挑戰、創新、團隊」的企業精神，以及「飛航安全快捷」、「服務親切周到」、「經營有效創新」的經營理念，致力於提升各項服務品質及保持良好的飛安紀錄。為落實公司治理，發展永續環境並維護社會公益，本公司除了設置企業社會責任委員會以及編製企業社會責任報告書外，並訂定企業社會責任政策，以作為本公司履行企業社會責任之指導原則（引自長榮航空官網）：

**經營誠信，維護股東權益**
專業經營、誠實信用、風險控管，創造投資人最大利益。

**服務創新，超越客戶期望**
提供創新服務，提升品牌價值，以「用心、真心、熱心」的服務精神，感動客戶。

### 團隊和諧，照顧員工福祉

關心員工生活，協助員工發展，維護員工權益，建立友善平權的工作環境。

### 互利互惠，攜手夥伴成長

妥善管理供應商，共同遵循環保、安全及衛生規範，共創永續經營環境。

### 節能減碳，守護地球家園

配合各項環保法令，落實環境永續發展政策，攜手呵護綠色地球家園。

### 關懷奉獻，致力社會公益

扶持弱勢族群，融入社區居民生活，贊助公益活動，積極回饋社會。

### 公平交易，拒絕貪腐行賄

推廣道德教育，遵守法律，拒絕賄賂貪腐及不當交易。

## 三、促銷

### (一)媽媽去哪兒？機票優惠寵愛她

1.活動時間：2015/5/4～2015/5/31
2.活動內容：母愛光輝耀5月，長榮感恩獻優惠！夏季線上旅展溫馨登場，活動期間自5/4～5/31，熱情推出囊括松山、桃園、台中、高雄出發等近五十條航線心動優惠價（**表10-1**）。

表10-1　夏季線上旅展限定經濟艙優惠航線

| 區域 | 優惠航線 | 最低優惠價（TWD） |
|---|---|---|
| 美國 | 桃園—休士頓、洛杉磯、舊金山、紐約、西雅圖 | 桃園—洛杉磯26,599起（含稅） |
| 歐洲 | 桃園—倫敦、阿姆斯特丹、巴黎、維也納 | 桃園—倫敦／阿姆斯特丹26,999起（未稅） |
| 澳洲 | 桃園—布里斯本 | 21,899起（未稅） |
| 東北亞 | 桃園—大阪、沖繩、首爾／高雄—成田、大阪、福岡、首爾 | 桃園—沖繩5,241起（未稅） |
| 東南亞 | 桃園—新加坡、吉隆坡、曼谷、胡志明市、河內、馬尼拉、峇里島、雅加達、泗水 | 桃園—馬尼拉5,999起（未稅） |

資料來源：作者整理

## (二)線上購票贏好禮

1.活動時間：2015/5/4～2015/5/31。

2.活動內容：凡於線上旅展期間（5/4～5/31）於長榮官網開立機票，第一段出發日期於2015/6/30前，即可參加抽獎，中獎人於實際搭乘後方可獲得獎項，獎項如下：
- 頭獎：亞洲線不限航點經濟艙免費機票乙名
- 二獎：台北—香港經濟艙免費機票2名
- 三獎：長榮航空歡沁夏日福袋30名

## (三)早鳥專案

1.活動時間：航點除港澳大陸票價可適用全季節，其餘航點票價限淡季適用。

2.活動內容：長榮航空於全球各大航點，推出早鳥預購驚喜價，最低可享六七折！讓您輕輕鬆鬆，便能遠走高飛，享受遨遊世界的樂趣（表10-2）。

表10-2　早鳥專案優惠航線

| 航點 | 心動價 | 預購天數 | 機票效期 |
|---|---|---|---|
| 桃園─布里斯本 | 18,000起（未稅） | 45天前 | 1個月 |
| 桃園─倫敦 | 25,400起（未稅） | 60天前 | 1個月 |
| 桃園─洛杉磯 | 27,250起（含稅） | 90天前 | 1個月 |
| 桃園─香港 | 3,099起（未稅） | 14天前 | 14天 |
| 桃園─馬尼拉 | 5,100起（未稅） | 90天前 | 14天 |

資料來源：作者整理

# 四、廣告

EVA Air I SEE YOU

**EVA Air I SEE YOU分鏡**

資料來源：長榮航空

## 廣告分析

　　2013年6月18日推出了這篇以金城武為主角的CF，長榮航空在廣告推出之前，利用了社群網路、官網等媒體廣告不斷的透露小消息吸引消費者關注，所以在6月18日廣告一推出馬上有大量的點擊觀看，廣告中以

法國、日本、台灣為主要拍攝宣傳景點，以法國咖啡文化、日本茶道藝
術、台灣以寺廟藝術與美景寫意取勝，將旅遊廣告的質感提升到另一種更
高的層級，選擇以長榮航空的主色調感為連結，讓人在整體品牌形象連結
大為加分，以廣告中金城武所念的口白：

去過這麼多地方，是不是真正感受過這個世界，有時，自己都不確
定。

我看見，看見藝術，看見對話，看見意志，看見信任，看見樂園。

張開羽翼，往陌生的方向前進，看見世界，看見人群。

**I SEE YOU**

你的眼界，可以轉動世界。

充滿著文學氣息的文案，將廣告去除了商業化，變成了一個美學的
紀錄片了。

# 五、公關

## (一)「航空服務」之建教合作

長榮航空自1998年7月起即與空運餐旅相關技職院校（高雄餐旅大
學、台北城市科技大學、中華科技大學、開南大學、樹德科技大學）建教
合作，提供學生機場運務服務、訂位話務服務、航空行政服務等有酬校外
實習機會，實習期間為期半年或一年，讓學生透過校內學習與職場學習
的輪替，工作經驗能夠學以致用，並培訓為基層的第一線服務人才。此
外，為鼓勵表現優秀的學生，長榮航空招募時優先給予曾經實習之學生參
試機會。

## (二)體育贊助

長榮航空長期關注台灣體育界的發展,自2008年起提供機票贊助多位運動選手,每年贊助機票金額約2,000萬台幣,讓選手能夠在企業的支持下,無後顧之憂的出國比賽,透過運動,提高台灣在世界的能見度,成功創造更多台灣之光。同時,為使台灣的體育環境更成熟,使選手有更多參與及體驗國際級賽事的經驗。如贊助台灣高爾夫球女將曾雅妮、台灣網球好手詹詠然、詹皓晴、莊佳容與徐婍雯搭乘長榮航空參與世界各大球賽,足跡遍布全球,以運動行銷台灣。

## (三)持續支持藝文特展

贊助國內外各大藝文活動,帶給國人最豐富、最有深度的藝術饗宴。長榮航空提供承載藝術展品的專業技術,贊助展品來台的貨運及布撤展人員來台機票相關事宜,每年贊助金額超過2,000萬台幣以上,統計2013年贊助藝文特展如下列述:寶塚歌劇團台灣公演、米開朗基羅文藝復興大師特展、李真凡登廣場大型戶外雕塑展、美聲天后海莉演唱會等(引自EVA AIR 2013年社會責任報告書)。

## (四)歡樂星空音樂會

為慶祝2015年6月19日開航台北—休士頓航點,長榮航空將攜手三麗鷗公司舉辦「EVA AIR/Hello Kitty Shining Star Concert歡樂星空音樂會」,此次音樂會將分別於5月9日(星期六)在台北國家音樂廳,5月17日(星期日)於台南文化中心各兩場歡樂上演。音樂會中將有三麗鷗舞者與Hello Kitty及Dear Daniel共同舞出優雅的華爾滋,搭配長榮交響樂團演繹歡樂的樂曲,帶領所有聽眾共享這場初夏的音樂嘉年華(引自MNA牛耳藝術)。

## 🛈 六、直效行銷

### (一)會員卡

長榮航空會員卡制度及優惠彙整如**表10-3**。

**表10-3　長榮航空會員卡制度及優惠**

| 會員類別 | 綠卡 | 銀卡 | 金卡 | 鑽石卡 |
|---|---|---|---|---|
| 晉升資格<br>現會員卡效期內連續12個月 | • 只要年滿2歲，即可申請加入<br>• 2～12歲小孩申請加入時，監護人（至少一位）必須為「無限萬哩遊」之會員 | 現綠卡會籍效期連續12個月內：<br>• 飛行30,000哩（含）以上且搭乘長榮航空／立榮航空國際線航段6次（含）以上；或<br>• 搭乘長榮航空／立榮航空國際線總航段達26次（含）以上 | 現銀卡會籍效期連續12個月內：<br>• 飛行50,000哩（含）以上；或<br>• 搭乘長榮航空／立榮航空國際線總航段達50次（含）以上 | 現金卡會籍效期連續12個月內：<br>• 飛行120,000哩（含）以上；或<br>• 搭乘長榮航空／立榮航空國際線總航段達100次（含）以上 |
| 續卡資格<br>會籍效期內 | | 現銀卡會籍效期內：<br>• 飛行40,000哩（含）以上；或<br>• 搭乘長榮航空／立榮航空國際線總航段達42次（含）以上 | 現金卡會籍效期內：<br>• 飛行80,000哩（含）以上；或<br>• 搭乘長榮航空／立榮航空國際線總航段達80次（含）以上 | 現鑽石卡會籍效期內：<br>• 飛行200,000哩（含）以上；或<br>• 搭乘長榮航空／立榮航空國際線總航段達140次（含）以上 |
| 會籍效期 | 永久卡 | 2年 | 2年 | 2年 |

（續）表10-3　長榮航空會員卡制度及優惠

| 會員類別 | 綠卡 | 銀卡 | 金卡 | 鑽石卡 |
|---|---|---|---|---|
| 訂位優惠待遇 | | | | |
| 會員訂位服務專線（限台灣地區） | | 有 | 有 | 有 |
| 優先候補機位 | | 有 | 有 | 有 |
| 保證菁英艙／經濟艙機位 | | | | 有 |
| 其他優惠待遇 | | | | |
| 專屬行李掛牌 | | | | 有 |
| 機上免稅品9折優惠 | | | 有 | 有 |
| 以哩程兌換酬賓機票／艙位升等／住宿券 | 有 | 有 | 有 | 有 |

資料來源：作者整理

## (二)社群粉絲專頁

　　2015年Facebook每天活躍用戶共有8.9億人，而從裝置來看，7.45億每日行動活躍用戶、11.9億每月行動活躍用戶。只透過行動裝置瀏覽Facebook的用戶也高達5.26億人，長榮航空注意到此趨勢，也開始利用Facebook創建粉絲專頁，公布最新的優惠活動或是相關新聞，並不時舉辦屬於Facebook用戶的活動，達到挖掘消費者建立品牌忠誠度目的。

◆得獎公布～分享你的長榮照片，蔡依林2015 PLAY演唱會門票！

　　1.活動對象：Facebook用戶。

　　2.活動時間：至2015年5月18日PM 12:30止。

　　3.活動內容：於粉絲專頁留言上傳符合規範的照片及#myevaair，即

**EVA Air粉絲專頁活動**

資料來源：長榮航空

可參加抽獎，獎品為「蔡依林2015 PLAY演唱會」門票2張。

◆長榮粉絲50萬　50好禮大放送

1.活動對象：Facebook用戶

2.活動時間：至2015年5/15 (五) 24:00止

3.活動內容：留言邀集親朋好友加入長榮航空粉絲團，長榮航空在上
萬條的留言中，抽獎系統抽出了50位幸運的粉絲，獎品如下：

• 頭獎：「長榮航空一日遊」3名

• 二獎：長榮航空造型悠遊卡3名

• 三獎：A330-200 1：200飛機模型4名

• 哈囉你好：旅行福袋組20名

## 七、事件行銷

2005年10月，長榮航空與日本公司Sanrio合作，推出Hello Kitty彩繪機，除了機身的圖案之外機艙內也採用Hello Kitty的圖案，更於2011年10月31日推出第二代Hello Kitty彩繪機，首架名稱為「魔法機」，總共推出七種機款：Hello Kitty魔法機、Hello Kitty蘋果機、Hello Kitty環球機、Hello Kitty歡樂機、Hello Kitty雲彩機、Hello Kitty牽手機、Hello Kitty星空機，並為各個機款設計出不同的故事。透過Hello Kitty在全世界的高人氣，吸引喜愛Hello Kitty的民眾來搭乘。

Hello Kitty機

資料來源：長榮航空

## 🌐 八、異業結盟

### (一)花旗銀行長榮航空聯名卡優惠合作

1.活動對象：花旗‧長榮航空聯名世界卡／鈦金卡／夢翔卡用戶。
2.活動時間：2014年12月22日（台灣時間下午2點起）～2015年12月31日。
3.活動內容：本優惠案限指定花旗‧長榮航空聯名卡持卡人刷卡購買長榮航空機票，在指定的時間跟航線享有不同的優惠活動（**表10-4**）。

**表10-4　花旗銀行長榮航空聯名卡優惠**

| 目的地 | 商務艙／菁英艙享折扣 | 經濟艙折扣 |
|---|---|---|
| 美加、歐洲、澳洲、關島 | 9折 | 85折 |
| 東南亞、東北亞、大陸地區（不含北京、上海） | 9折 | 95折 |
| 北京、上海 | 9折 | 95折 |
| 香港、澳門 | 9折 | 95折 |

資料來源：作者整理

### (二)遊日本享手機租借免日租費優惠專案

　　每年到日本觀光／洽公或遊學的台灣旅客都會因為通訊的問題而煩惱，長榮航空與日本Glovalex Corp合作，提供日本當前3G服務品質最好的KDDI/au行動電話服務，並推出兩種優惠活動。

◆專案一

1.活動對象：凡於長榮網翼通或各大旅行社購買或搭乘長榮航空飛往

日本的個人機票（不含團體旅客）。

2.活動時間：2011年4月1日起。

3.活動內容：凡購買及搭乘長榮航空機票前往日本之旅客，即可享有免$300日租費之優惠。

◆專案二

1.活動對象：凡於各大旅行社購買長榮假期自由行套裝行程飛往日本的旅客。

2.活動時間：2011年4月1日起。

3.活動內容：凡購買長榮假期自由行套裝行程前往日本之旅客，即可享有免$300日租費及免$200通話費之優惠。

### (三)加盟星空聯盟

2013年6月18日長榮航空宣布加盟星空聯盟，星空聯盟是迄今為止歷史最悠久、規模最大的航空公司聯盟，透過共用軟硬體資源與航線網等方式，例如共同的里程累積酬賓計畫、在主要機場進駐同一航站樓運營，共用機場設施、單張機票可搭乘聯盟其他航空公司的航班及共同的飛機零部件訂購或租賃等，以此加強聯盟成員的競爭力。而長榮航空的加盟，星空聯盟可以加強對於亞太航線的經營，特別是目前成長快速的兩岸航線，長榮航空可以利用星空聯盟的優勢，深耕發展歐美線，為亞太跟歐美兩大航線建立航空橋樑。

## 九、結論

交通科技的進步發展以及經濟的快速成長，搭乘飛機航行世界各地

已不再是庶民的夢想了。旅遊需求不斷擴大，2015年全球航空旅客人數預期增長7%，全球航空運輸業必須快速發展以因應全球的航空需求。在全球化的新時代，各企業都面臨了國內外對手的強勢競爭，全球航空運輸業所遭受的挑戰更為嚴峻，面對激烈競爭企業唯有祭出手段方能脫穎而出。競爭戰略之父邁克爾‧波特（Michael Porter）提出一個企業有三種競爭策略，分別是「成本領導策略」、「差異化策略」、「目標集中策略」，在航空業的成本領導的代表就是廉價航空，例如：西南航空、虎航及捷星，透過捨棄舒適的服務及環境享受來換取價格的優惠。而不同於廉價航空，長榮航空積極進行差異化策略，長榮堅持著「飛航安全快捷」、「服務親切周到」的理念，特別在航空業中，其關鍵核心資源為人員的服務，要求員工從地勤到空服人員服務表現，提供顧客最快速的回應，藉以建立公司的核心競爭力，才能產生真正的差異化，達到無法被其他競爭對手所複製的境界。

長榮航空積極秉持理念，善於品牌的行銷，透過一系列的事件行銷、行動識別、公關活動等建立起鮮明的品牌形象，榮膺「亞太區最佳長程線航空公司」以及「全球十大最佳航空公司第七名」等獎項，消費者在想起長榮航空的同時，便會立即的浮出安全、良好、服務等關鍵概念，對於不堅持以價格為導向的消費者，長榮航空即是首選。在廣告分析中，長榮航空邀請亞洲知名男星金城武先生來拍攝一系列感性訴求的CF，不以航空公司的各種特徵來拍攝廣告，而是以旅行的美景、各國的特色文化為主，讓人享受旅行的時光，2013年所拍攝的廣告，引起了台日間一股風潮。每每想到一個具有美學、知性的旅行，就會想起了長榮航空。在全球航空異常激烈的競爭中，長榮航空已經開拓出屬於自己的道路。

Chapter

11

# 通訊科技產業——
# 以Apple為例

# 一、緒論

　　通訊科技最早在電腦的應用一舉突破了時間的局限，一連串現代通訊科技的發展更帶來了空間的突破，增進了資訊適時、即時、時時、準時的「時效性」。我們生活在創新科技的時代，除了享受科技的便利外，同時也無時不在接受科技教育的洗鍊。科技教育是學習有目的的應用知識（如資訊和通訊科技、物料和結構、營運和製造、策略和管理、系統和控制及科技與生活）、技能及經驗，以運用資源進行創製建構，或是更新產品和系統，來滿足人類生活需要。

　　科技的進步，帶動全球化的潮流，數位科技產品在標準化的生產流程下，不再有所謂的文化差異，各國數位科技產品紛紛走入全球消費者的生活，人們開始依賴數位科技所帶來的便利，使得該產業日漸龐大，競爭劇烈。在這個數位科技產品同質性相近，消費者選擇變多的市場上，新世代的數位科技消費者們追求創新，要求風格與品質，不再清楚劃分工作與玩樂，需要的是一種可以讓生活更有樂趣的數位科技產品。消費者所需要的整合資訊、數位顯示、影像、數位媒體以及通訊等特性，讓每個使用者在工作、休閒與娛樂中，都能透過這些產品享受最大的便利與樂趣。在這個潮流下，國內外許多的數位科技廠商紛紛整合旗下所有資源，以提高自身競爭優勢，Apple自然也不例外。

# 二、CIS

## (一)理念識別（MI）

　　「Think Different」、「簡約」這兩個理念可以涵蓋Apple所有的

設計理念及產品，舉例而言，當時全世界都在流行以及使用Sony公司的Walkman系列產品，開始習慣於隨身聽及CD的音樂世界，「Think Different」讓Apple設計出跨時代的產品iPod，「Think Different」可以為Apple的破壞式創新寫下最好的註解，而「簡約」的美學概念將所有的科技產品注入了時尚潮流的靈魂，科技產品不僅僅是追求產品的規格及效能，更在乎產品的外觀及包裝，使冷冰冰的科技產品多了人性化及個性化。

## (二)視覺識別（VI）

視覺識別係將企業的經營理念、文化與精神透過企業對內、外的行為語言、活動以及組織化、系統化的視覺符號傳達給社會大眾。

1988年Apple公司決定全力追逐乾淨、極簡設計時，蘋果Logo便調整成為單色，在2001年iPod推出時，Apple也一起更改成高反光的白色版本，如水一樣透明的Logo再次被改版，又為了配合iPhone的金屬質感效果，Apple Logo變成鍍鉻效果。此中蘊涵了賈伯斯的設計理念：

為何我們認為簡單就是美？因為就產品實體而言，我們必須得到掌控感。只要在複雜中建立起秩序，你就找到了讓產品聽命於你的方式。簡約不只是一種視覺風格，也不只是一種形式上的極簡或不散亂、不嘈雜，你必須深入發掘及掌握複雜的內涵。

要創造出真正的簡約，必須走到非常深。比方說，如果你想要讓某件產品看不到一顆螺絲，結果可能卻做出一件極其迂迴而複雜的產品。比較好的方式是深入簡約的核心，澈底瞭解這件東西及它的製造方式。你必須真正深入瞭解一項產品的本質，才能去蕪存菁。（《賈伯斯傳》）

154

# 🛈 三、廣告

　　美國品牌大師Kevin Lane Keller強調，一個好的品牌核心主題，必須兼顧三個重點：一是強而有力的訊息；二是消費者喜歡的訊息；三是獨特的訊息，指的是能讓品牌與同品類他牌產生差異化的訊息。而廣告可以透過感官、情感的體驗來傳達出品牌的核心內涵及其產品的特色，來加強消費者對於品牌的概念，刺激消費者的購買欲望，Apple的CF便是以產品的類別，來拍攝一系列的產品概念廣告，將每個系列的產品設計概念及用途強化顯現給消費者。

## MAC系列的CF

### ◆The new MacBook──Reveal

The new MacBook──Reveal分鏡

資料來源：Apple官網

### 廣告分析

　　廣告一開始便是以一個氣泡的出現來串聯整個影片，螢幕中的氣泡飛到哪裡，MacBook便會往哪裡漂浮，以氣泡微小的浮力來表現出MacBook如空氣中一般的輕薄無物，Apple更為此廣告下了極其貼切的口號：The thinnest, lightest, and most advanced Mac.顯現出MacBook產品的特色差異。

◆The new MacBook──Design

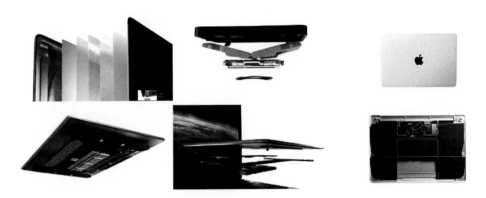

The new MacBook──Design分鏡
資料來源：Apple官網

廣告分析

　　有別於The new MacBook──Reveal廣告，此廣告主要表現出MacBook構成元素，將鍵盤、螢幕、觸控面板以及電池主機板拆開來顯現，並由資深設計總監Jony Ive為此廣告做旁白，解釋MacBook所有零件的設計理念及功能，傳遞出Apple對於產品的完美苛求，讓消費者能夠瞭解品牌的核心內涵及其產品的特色，增加消費者的消費欲望。

# 四、促銷

## (一)台灣Apple特購日2015/1/30（2015年為例）

　　Apple特購日是僅限在Apple Online Store消費才會有的一年一度的優惠，儘管促銷時間僅有一日，但優惠價格幅度卻達到5～10%。因為促銷

活動只限在Apple Online Store消費才有，所以Apple經銷商並不會享有優惠，不過歷年來燦坤以及STUDIO A都會自行吸收成本，同步優惠之外另做促銷活動。

1. 活動目的：Apple對於產品價格控制嚴格，所以每年度唯一特價日特別吸引消費者來購買。
2. 目標對象：喜歡Apple產品，價格導向的消費者。
3. 活動時間：2015/1/30。
4. 活動策略：一直以來Apple產品一直維持高端價格，對於較無經濟能力或是價格導向的消費者形成購買Apple產品的障礙，透過5～10%的折扣優惠吸引該客戶群，從而提高市場占有率。
5. 活動內容：限定在2015/1/30這一天，只有在Apple Online Store消費才有的優惠特購活動，Apple主力產品都會有5～10%左右的優惠。

表11-1　2015 Apple特購日部分商品優惠

| 產品 | 原價（台幣） | 特價（台幣） | 差價（台幣） | 優惠幅度 |
|---|---|---|---|---|
| iPad Mini2 WIFI 16GB | 9,400 | 9,000 | 400 | 4.26% |
| iPad Mini2 WIFI 32GB | 10,900 | 10,500 | 400 | 3.67% |
| iPone 6 16GB | 22,500 | 21,000 | 1,500 | 6.67% |
| iPone 6 64GB | 25,900 | 24,400 | 1,500 | 5.79% |
| iPone 6 128GB | 29,500 | 28,000 | 1,500 | 5.08% |
| iMac 21/1.4DC/8GB/500GB/HD500 | 35,900 | 32,900 | 3,000 | 8.36% |
| iMac 21.5/2.7QC/2X4GB/1TB/IrisPro | 41,900 | 37,900 | 4,000 | 9.55% |

資料來源：作者整理

**燦坤Apple優惠**

資料來源：燦坤官網

## (二)2014年台灣Apple在線教育商店新學期優惠計畫

Apple針對教育界另推出了優惠促銷計畫，不過此優惠計畫不同於其他促銷，而是有設定門檻限制，對象必須是教育界人士或是在學大學學生。凡於2014年7月16日至2014年9月9日期間，符合資格規定的教育界人士在台灣Apple在線教育商店或致電800-020-021購買合資格的Apple電腦、iPhone或iPad，都可享有優惠。優惠金額如下：

◆優惠金額

1.合資格Apple電腦：NT$3,000。

2.合資格iPhone：NT$1,500。

3.合資格iPad：NT$1,500。

◆產品資格

　　1.合資格Apple電腦：iMac、MacBook Pro、MacBook Air及Mac Pro。

　　2.合資格iPhone：iPhone 4s、iPhone 5c及iPhone 5s。

　　3.合資格iPad：iPad Air、iPad mini with Retina display、iPad with Retina display（當前版本）及iPad mini。

◆合資格地點

　　須購自台灣Apple在線教育商店或致電800-020-021購買。只有在台灣購買和交付的合資格產品才符合資格。

◆購買資格

　　1.台灣公立或私立幼稚園、小學及中學任何雇員皆符合資格。

　　2.台灣的大學、大專院校和專科學校的教職員；在台灣的大學、大專院校和專科學校就讀或已獲取錄的學生皆符合資格購買。

　　3.台灣的大學及專上學院已錄取或正就讀的學生之家長，可代子女購買。

◆促銷限制

　　1.此次活動的優惠於有效期內均可享受，直至供應完畢為止。

　　2.本次優惠活動期間，每位符合資格的教育界人士顧客對每類合資格產品最多只可享受一件優惠，即：最多可享有一次優惠用以購買合資格Apple電腦、一次優惠用以購買合資格iPhone，以及一次優惠用以購買合資格iPad。每個家庭就每類合資格產品最多限享有兩次優惠。

　　3.在進行購買之前，你必須證明你符合以上的教育界人士購買資格並且是以個人最終用戶身分購買，才能享有此促銷優惠。分銷商、政

府機構、教育機構、非牟利機構、企業購買者和小企業購買者皆不符合資格（引自Apple官網）。

## 🛈 五、公關

Apple執行長Tim Cook表示：「Apple以身為（RED）的支持者為榮，因為我們相信生命是我們所能給予的最佳獻禮。在過去八年間，我們的客戶持續為各種能拯救生命的治療法提供了資助，並產生了深遠而正面的影響，進而為改善非洲愛滋病問題提供了助益。」Apple對於推動世界愛滋病日不餘遺力，利用Apple公司對於國際的能見度，大大促進了該活動的影響力跟引起全球的迴響，Apple不只致力於慈善公益，對於醫療健康話題更為關注，並利用Apple的科技技術研發一系列有助益健康醫療的平台。

### (一)慈善公益【世界愛滋病日（RED）】

Apple歷年來大力推動世界愛滋病日，於2014年發起最大規模的公益募款活動，募款金額超過7,500萬美元，以對抗愛滋病問題。此外，Apple也將在當年購物旺季中的兩天（11月28日星期五與12月1日星期一）捐出全世界Apple Retail Store及Apple Online Store的部分營收。

活動內容：

1. App Store將推出一項稱為Apps for（RED）的計畫，提供25款具有全新獨特內容的App，其銷售所得將全數捐獻給Global Fund基金，以對抗愛滋病問題。
2. 在2014年購物旺季中的兩天（11月28日星期五與12月1日星期一）捐出全世界Apple Retail Store及Apple Online Store的部分營收。

# 世界愛滋病日，
## 和 Apple 一起支持 (RED)®
## 抗愛滋病。

(RED) 和全球健康社區協助非洲對抗愛滋病的計劃，已到關鍵時刻。第一個在出生時免於愛滋病威脅
的世代，在歷經 30 年的共同努力後，即將看到成果。無論你在世界愛滋病日選購產品，或透過
APPS FOR (RED) 進行購買，你的付出都將持續影響無數人的未來。

### Apple世界愛滋病日文宣
資料來源：Apple官網

## (二)醫療科技

　　Apple營運資深副總裁Jeff Williams表示：「來自各大醫學與研究社群
及對醫學研究有所貢獻的參與者對ResearchKit的熱烈迴響，使我們倍感欣
慰與鼓舞。以往僅可吸引數百名參與者的研究，如今則可號召成千上萬人
來參與。世界各地的醫學研究人員均積極探索ResearchKit如何能協助他們
研究更多疾病，我們相信這在全球對健康與保健的瞭解上所造成的影響將
無遠弗屆。」

　　ResearchKit是一個開源軟體框架，蘋果做它的主要目的之一就是讓開
發者和研究員們能借助iPhone龐大的用戶基礎和先進感測器來收集數據做
醫療研究。也就是醫療研究人員可以利用Apple裝置及平台紀錄、回收、
分析病人的步態、敲擊、6分鐘的步行、空間記憶以及發聲這些類型的數
據，而病人可以利用Apple行動裝置上傳健康數據供研究人員使用，並追
蹤病情。

## ⑧ 六、品牌

　　Barlow與Maul（2001）提到，情緒體驗可以傳遞價值與創造消費者忠誠度。體驗價值是從消費價值演進而來，早期的消費研究通常認為消費出於一種理性的選擇，與個人明顯的動機及需求有關，但越來越多的研究發現消費還牽涉許多不同趣味、愉悅、感覺、美學、情感等因子（Hirschman & Holbrook, 1982）。Holbrook與Corfman（1985）提出，消費體驗本身亦具有價值，體驗價值的知覺主要來自消費者跟產品或服務直接或遠距離的狀態下互動，而這些互動影響個別消費者的偏好。所以蘋果專賣店（Studio A）便是能直接傳達Apple理念，並能讓消費者在專賣店中親自體驗Apple產品，並由受過教育訓練的店員來幫助消費者完整體驗Apple產品的功能，專賣店可以成為品牌最強而有力的實體呈現。

Studio A門市

資料來源：作者拍攝

　　在2000年10月，賈伯斯對於專賣店的設計已大致就緒，原本專賣店是依據Apple四大產品來進行空間規劃，Power Mac、iMac、iBook、PowerBook各有專屬區域，而當時的銷售主管強森提出應該依照消費者的生活行為來設計的概念，因此原本預定於2001年1月的正式面世因而延後了三個月開幕，可以看出顧客的消費體驗對於Apple來說是極其重視的。

Studio A門市內部

資料來源：作者拍攝

## ⓘ 七、SWOT分析

Apple SWOT分析如**表11-2**所示。

### 表11-2　Apple SWOT分析

| 優勢（Strengths） | 劣勢（Weaknesses） |
|---|---|
| 1.所有產品及雲端平台完美結合。<br>2.產品外形極簡時尚，極具個性化。<br>3.產品操作直覺化，消費者容易上手。<br>4.吸收其他科技的經驗，發揮到極致。<br>5.堅持風格，吸引及培養高忠誠度的消費者。<br>6.注重於消費者的消費體驗。 | 1.價格偏高，排除掉價格敏感度高的消費者，無法攻占大量市場。<br>2.電腦軟體過於封閉。<br>3.所設立的購買據點較少。<br>4.促銷活動較少。 |
| 機會（Opportunities） | 威脅（Threats） |
| 1.消費群年輕化，消費能力強。<br>2.產品具有高附加價值。<br>3.完善的顧客服務。<br>5.海外市場的擴大。<br>6.降低成本，改善程式支援其他系統。<br>7.開發中國家經濟能力變強，消費市場變大。 | 1.其他企業削價競爭激烈。<br>2.其他業者爭相模仿，消費者有其他選擇，客群相對流失。<br>3.產品無法有持續性重大的創新。<br>4.管理階層改成注重銷售數字。<br>5.靈魂人物賈伯斯逝世，接任者改變公司理念。 |

資料來源：作者整理

## 八、結論

　　蘋果公司以創新且獨特的風格，開拓了屬於自己的市場。蘋果產品在市場上以符合人性化的介面、簡約且流線型的外觀著稱，雖然蘋果公司產品較其他品牌價格稍嫌昂貴，但卻在全球擁有不少死忠的支持者。這在在顯示出蘋果公司不論產品設計或經營管理方面都是相當獨到而成功的企業，這些都是值得我們學習的地方。

雖然蘋果系列產品銷售價錢現在有往下調整的趨勢，但是有些價位對於經濟環境不太好的家庭或學生個人來說還是太貴了，所以蘋果系列的價格最高能夠不要超過新台幣6,000元或更平價的話，或許銷售量會更好；此外，經過比較，在國外買蘋果系列產品比在台灣購買還便宜，有些人寧可出國購買蘋果產品也不願在國內買取，試想如果蘋果公司在各國的銷售價差不要太大的話，銷售量應該還會更好。

　　雖然蘋果電腦的產品擁有非常好的評價，但有許多系統軟體與別的系統不合，讓許多愛用者在使用上遇到許多難題；在硬體設備方面蘋果的產品不能與其他公司產品共用，如果蘋果公司願意面對與調整作為，在軟硬體設備都可以與其他產牌的系統共用，消費者的購買意願將更為擴大。

Chapter
**12**

# 零售通路產業——
# 以全聯福利中心為例

166

# ⓘ 一、緒論

經濟成長促成了台灣國民所得提高，消費能力增強，也帶動了零售市場的全面變革。商家從國外引進經營專業類型的嶄新零售業，如雨後春筍般強勢投入市場，搶食逐年成長的民生消費市場利潤。根據經濟部統計處新聞資料顯示，台灣零售市場民國100年5月份零售業營業額為2,971億元之產值。

全聯福利中心（以下均稱為：全聯社）的前身就是「軍公教福利中心」。民國87年底，林敏雄接手當時虧損累累的全聯社，改名為全聯實業，不過當時全聯社在全台只有六十八家賣場，加上原本屬於財團法人性質，員工因為沒有績效壓力，完全沒有成本、服務的觀念，因此幾乎沒有人認為新成立的全聯實業可以轉型成功、存活下來（王曉晴，2009）

當前零售市場有超級市場、便利商店、量販店、購物中心、百貨公司等多樣零售體系，競爭激烈。面對新局，全聯採取了提供顧客不同的購物經驗、商品服務以及品牌價值的差異化策略，營業額及市占率逐年提升，異軍突起走出屬於全聯的道路。不一樣的全聯，是吾人不可輕忽的議題。

# ⓘ 二、企業理念

## (一)建立良好的企業文化、散播喜悅的種子、創造幸福的社會

全聯實業股份有限公司創立於民國87年，主要從事流通零售業，矢志成為台灣超市NO.1，以服務社會大眾為宗旨，秉持著「實在真便宜」的經營理念，創造出幸福感超市，讓社會因為有全聯而感到幸福。全聯擁

有優秀的經營團隊,追求企業永續經營及成長,並善盡企業社會責任;除了整體營運穩定外,獲利狀況也逐年提升,讓全聯在超市通路占有難以撼動的地位。

## (二)燦爛的微笑,最美

全聯重視每一位員工,視員工為重要的資產,「誠信實在、勇於承擔、包容體貼」的企業精神,帶領著員工發揮所長,讓每個同仁培養自己的能力、興趣、熱情,並且盡情發揮,希望這個世界因為有了你我和全聯的燦爛微笑,而變得更加美麗、幸福、友善!

**全聯福利中心門市**

資料來源:作者拍攝

## ⓘ 三、廣告

### (一)全聯先生系列

全聯廣告令人印象深刻的是全聯先生總是西裝筆挺,面無表情,用一種很理直氣壯、冷冷的台式幽默不斷挖苦自己,勇敢大膽面對自己的缺點。衝突點是廣告最後的結果都急轉直下,反將全聯最為人詬病的劣勢轉化為優勢。「這是非常跳脫時下廣告的創意思維,」連續三年執行全聯廣告創意的奧美廣告副創意總監龔大中說,年長的觀眾會覺得全聯很實在,年輕的則認為全聯很酷,於是成功挑起消費者的好奇(Cheers快樂工作人雜誌,94期)。

◆豪華旗艦店篇

2006年這篇廣告呈現在所有觀眾前,開啟全聯先生系列廣告之路,廣告中告訴消費者,全聯沒有明顯的招牌、沒有華麗的地板、沒有美麗的制服更沒有信用卡服務,這些省下來的管銷費用通通回饋到了消費者身上,讓全聯的商品如此的便宜。

◆便宜一樣有好貨──洗髮精篇

在全聯推出旗艦店篇的CF後,民眾大多都已經認識了全聯也知道全聯的商品價格便宜,但來全聯消費的民眾不多,消費者擔心便宜沒好貨,全聯的商品品質受到很大的懷疑,所以全聯推出了「便宜一樣有好貨」系列廣告,洗清疑慮,讓消費者能夠安心的購買全聯商品。此篇是以消費者懷疑全聯所售的洗髮精較稀,所以全聯設置軌道,將市售及全聯商品倒入軌道,比較其濃稠度,證明全聯商品毫無偷斤減兩。

### ◆省還要更省——牙膏篇

　　省還要更省系列CF，要傳達給消費者來全聯可以更省的觀念，透過擠牙膏的方式來表現出來，等牙膏已經無法用手擠出時，利用全聯福利卡一刮，可以擠出最後一點點，其象徵著來全聯購物已經是十分省錢，但利用全聯福利卡，可以讓消費者可以更省。

## (二)經濟美學系列

### ◆2015全聯經濟美學——林彥辰篇

　　2015年全聯推出新的系列廣告——經濟美學，對於全聯的廣告消費者的印象就是全聯先生，推出新的系列廣告明顯看出全聯開始開發年輕人

**活動廣告1**

資料來源：作者拍攝

**活動廣告2**

資料來源：作者拍攝

的市場，針對於年輕人的廣告，時下年輕人喜歡潮流品牌來凸顯出自己的
個性化及生活格調，而全聯便針對於此提出了全聯經濟美學的新概念，這
一系列的廣告大多找尋具有強烈風格的年輕素人拍攝廣告，並定下一些強
而有力的口號，例如此篇「長得漂亮是本錢，把錢花得漂亮是本事」，來
凸顯出，省錢斤斤計較並不俗套，反而有格調。

# 四、公益

## (一)全聯慶祥慈善事業基金會

全聯董事長林敏雄先生說：我一直認為經營企業應存有感恩的心，
並適時的行善奉獻來回饋社會。為了幫助更多的人以及感念全聯故總經
理蔡慶祥先生，我在2006年3月成立了「財團法人全聯蔡慶祥基金會」，
秉持著「實在真用心」的精神，關懷弱勢族群。為了擴大幫助台灣各地的
經濟弱勢家庭，基金會除了現有實物捐贈、急難救助以及社會公益等服務

外,更於2011年與全聯福利中心共同成立了全台首座「全聯物資銀行」,讓有需要的家庭,都透過「愛心福利卡」,獲得更有保障、更安心的生活。

◆急難救助

為善盡企業社會責任,本會與全聯福利中心共同合作,自103年度起陸續納入台北市、基隆市、新北市、桃園市、台中市、彰化縣、台南市、嘉義縣、高雄市、屏東縣及宜蘭縣、花蓮縣地區之全聯特定分店為急難救助金申請管道,開放遭遇急難事件的在地民眾就近至全聯特定分店向店端人員提出申請,透過本會配置於各地的專業社工進行訪視評估,讓本會急難救助服務更貼近救助民眾的需求。

◆醫療補助

有感於社會上許多弱勢病友深受疾病所苦,醫療費的沉重負擔連帶影響其家庭之正常運作,本會與各地特定醫院之社會服務室主動合作,提供有需要之病患申請醫療補助金,期望透過此服務能為更多家庭減輕經濟負擔,使病患能在承受病痛之苦外安養生息。

◆實物捐贈

全聯愛心福利卡是提供弱勢族群,一個為期至少半年以上、至多一年為限之持續性的物資補給,採每月提供免費購物金1,000元(103年起由500元調整至1,000元),並自動儲值於愛心福利卡中,讓弱勢家庭自由持卡至全台任一全聯分店選擇日用品(禁購菸酒),維持家庭基本生活無虞。

◆愛心早餐

成立初期即將愛心投入至台灣的偏遠小學,關懷當地弱勢學童之

早餐飲食問題，並研擬「全聯愛心早餐」專案，與各地全聯福利中心合作，提供偏遠地區學童早餐及點心之攝取；目前已資助花蓮、台東、屏東、台中、苗栗及屏東等地共21所偏遠國小及國幼班，每日計有逾800名學童受惠（引自全聯慶祥慈善事業基金會）。

## (二)全聯佩樺圓夢社會福利基金會

財團法人全聯佩樺圓夢社會福利基金會於民國100年12月正式成立，承接原慶祥基金會之兒童、青少年及老人福利服務業務，除了致力照顧其基本生活所需外，未來更希望能增進兒童、青少年及老人的心理健康滿足，期待不僅能使弱勢個案有尊嚴地生活，對未來也抱持樂觀、希望的態度，最後能發掘其能力、培養自信心。翩翩飛舞的蝴蝶象徵基金會陪伴著需要幫助的弱勢族群飛向美好前程的意象；翅膀四色分別代表追求夢想的重要元素：勇氣、希望、熱情與愛。而蝴蝶中心的光芒則展現出我們的服務對象心中延伸出的無限希望與夢想。

### ◆兒童福利

處於學習與成長黃金時期的孩童，不應耗費心思擔憂三餐溫飽與經濟問題，本會以物資及經費補助經濟弱勢、家庭功能不全、偏鄉地區資源匱乏等孩童，以期在衣食無缺、生活無虞的良好環境下，得以致力於研習課業及發展正向興趣。

### ◆少年福利

偏鄉地區、經濟弱勢、家庭失功能等少年，面臨教育以及資源的相對弱勢，格外需要關懷與愛，使之能夠著力於課業、身心均衡發展；本會與各地社福團體攜手合作、提供物資贊助與方案經費支持，並主辦「夢想啟程補助計畫」，透過本會夢想達人講師及各機構的夢想培力方案，給予

少年更多築夢的勇氣、圓夢的機會。

### ◆老人福利

　　隨著老年人口的快速增加，高齡化社會步入在即，本會順應國家發展趨勢，盼藉與相關單位合作，以「健康老化」、「在地老化」、「智慧老化」、「活力老化」、「樂學老化」五大目標，支持舉辦有益長輩身心健康之活動，營造高齡友善的環境，亦提早預防慢性疾病的發生，期待增進老年生活品質。共同提升老人友善服務，落實活躍老化之服務宗旨。同時透過不定期至相關社福單位拜訪，瞭解弱勢長者實際所需，提供物資或經費，減輕長者生活負擔、亦補足匱乏之處，另也將嘗試以社區互助的概念，針對失能長輩提供生活照顧計畫，讓照護網絡更周全（引自全聯佩樺圓夢社會福利基金會）。

**基金會海報**

資料來源：作者翻拍

174

## 五、直效行銷

　　直效行銷協會認為直效行銷是一種互動的行銷系統，乃經由一種或多種的廣告媒體，對不管身處何處的消費者產生影響，藉以獲得可加以衡量的反應或交易。

### (一)全聯福利卡活動

◆扣福利卡點數，DM指定商品買一送一

　　全聯消費者可以透過使用福利卡消費累積點數，消費者可以利用累積的福利點數換取全聯DM指定商品買一送一的優惠福利。

◆福利點折抵現金

　　憑當日單筆發票金額消費每滿100元（香菸類商品除外），即贈送紅利點數3點，未滿元部分則不贈送紅利點數。紅利點數累積滿10點，即可折抵消費金額1元（香菸類商品除外），未滿10點則不可抵用。

◆現金儲值

　　福利卡僅接受現金定額儲值，每次儲值金額為新台幣500元、1,000元或2,000元（全聯商品禮券不列入儲值），每張福利卡最高儲值上限為5,000元，福利卡申請人得將中獎統一發票六獎之獎金（即200元獎金）儲值於福利卡。

**全聯聯名卡優惠**

資料來源：作者翻拍

## (二)《全聯生活誌》

資訊爆炸的時代，要如何抓住大眾眼光，讓消費者願意吸收你的新知，許多人拿到商場的DM隨手一翻，隨意閱覽便將其丟置，為了強化DM的效能，全聯將DM編製成了一本生活雜誌，DM不再只有促銷商品及價格資訊這種內容，全聯將DM生活化，加入一些生活常識、生活小撇步、健康食譜等，提高閱讀性並且讓消費者在不知不覺中增加了購買欲望。

◆將DM變成生活雜誌

《全聯生活誌》每一期都會有其主題，當期生活誌會有相關主題的封面人物介紹，並有相關主題內容的介紹，當期全聯促銷商品也會與主題

**全聯7月份DM**

資料來源：作者翻拍

相結合，例如《全聯生活誌》第20期主題為女性保養品，封面人物採訪女明星並開始講述其美容保養相關內容，也會教消費者如何保養等，當期的促銷商品也會以女性美妝、面膜、保養品為主。

### ◆結合時令、節慶

適時推出當季資訊，更能有效吸引消費者。內容若能結合節慶行銷，加倍效益，以春節為例，推出如環境清潔小撇步或是年菜食譜等相關內容。過年前消費者可能正好在大掃除，但玻璃擦不乾淨，看到清潔小撇步如何輕鬆處理玻璃髒汙，內容貼切生活。切合時令的好處就是讓消費者「當下」就有興趣，也才能引導消費者瀏覽當期促銷。

**全聯DM內容1**

資料來源：作者翻拍

## (三)全聯好菜食譜

在2011年全聯推出一系列的好菜食譜CF教現實生活中的都會男女煮的一手好菜；不只是只有廣告而已，全聯在網路上也提供了好菜食譜，內容中有每週主題、不同菜系食譜、符合節慶及時令的食譜，讓消費者可以利用在全聯購物的食材來烹煮；因應資訊科技普遍生活化，也提供了食譜APP，可以讓消費者一邊看著行動食譜一邊煮菜。

**全聯DM內容2**

資料來源：作者翻拍

# ⓘ 六、異業結盟

## (一)華泰金融福利卡

　　華泰銀行與全聯福利中心共同開發業界首創「華泰金融福利卡」，凡來行開戶申辦「華泰金融福利卡」在全聯福利中心消費後，持卡感應便可由活期帳戶自動加值以仟元為單位的金額到卡片進行扣款（當日最高3,000元）（引自華泰銀行）。

　　1.購物免現金，一卡就搞定。

2.三卡合一便利無比（金融卡＋儲值卡＋福利卡）。

3.掛失低風險，自動加值有簡訊。

4.首次自動加值送全聯紅利點數300點。

## (二)全聯福利中心正式開放中信銀行及台新銀行刷卡服務

全聯中心過往強調不提供信用卡服務，但因為如此結帳時需要大量的現金及零錢，所以帶來全聯相當的不便，結合中信及台新銀行兩家大量的信用卡用戶群，可為全聯及兩家銀行帶來龐大的商機。

◆中信卡優惠活動

1.週三家庭日（至2015/6/30止）購買生鮮商品單筆滿200元（含）以
　上，生鮮商品福利卡點數6倍送。

**中信卡優惠**

資料來源：作者拍攝

2.週六加碼送（至2015/7/25止）單筆滿688元（含）以上，送福利卡點數100點。

3.母親節天天加碼送（2015/5/3～2015/5/10）單筆滿688元（含）以上，送福利卡點數100點。福利點兌換至2015/6/25止。

◆台新卡優惠活動

1.母親節加碼（2015/5/3～2015/5/10）：單筆刷滿377元（含）以上，贈7倍全聯福利卡點數。

2.週四台新卡友日：單筆刷滿377元，贈7倍全聯福利卡點數。

3.次月帳單滿額贈：次月帳單新增消費7,777元且有全聯消費，享該帳單全聯消費0.3%刷卡金回饋。

4.紅利折抵100%：台新信用卡紅利點數每100點折6元，最高折抵100%。

## 七、SWOT分析

全聯SWOT分析如**表12-1**所示。

## 八、結論

台灣零售市場競爭激烈，量販店中有大潤發、愛買、家樂福等大品牌，而便利商店又有統一、全家等，在多種的零售型態瓜分台灣民生消費市場，全聯走出了不一樣的道路。全聯以其創新及獨特性的品牌包裝，利用一系列的廣告CF、《全聯生活誌》貼近消費者生活中，並開始積極開

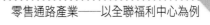
表12-1　全聯SWOT分析

| 優勢（Strengths） | 劣勢（Weaknesses） |
|---|---|
| 1.具有便利超商的方便性、量販店的便宜。<br>2.全聯福利中心以節省的成本回饋給消費者，提供市場上多種通路下，較多數商品是市場的最低價。<br>3.廣告創新吸引人：在已擁有多數競爭者的情況下，運用創意廣告行銷深植人心。<br>4.全聯福利卡累積紅利點數：以會員制掌握顧客群並推行全聯福利卡集點活動，可扣小額零錢。<br>5.堅持風格，吸引及培養高忠誠度的消費者。 | 1.較小型，空間排列較為擁擠，多數設有停車場，少數因地點無法設有停車場。<br>2.商品種類繁瑣，消費者不易找尋：因希望可以讓消費者擁有多項選擇但也因此導致商品項目不易找尋。<br>3.賣場布置及動線規劃太過呆板，硬體設備不如其他大型量販店。 |
| 機會（Opportunities） | 威脅（Threats） |
| 1.社區型的大賣場提供消費者鄰近便利的選擇。<br>2.完善的顧客服務。<br>3.不只是商品定價低，還時常推出優惠活動。<br>4.複合式商場：以便民訴求發展複合式商場。 | 1.其他企業競爭激烈。<br>2.其他零售業型態。<br>3.因商品相同，所以容易模仿，產業進入障礙相對低。<br>4.網路與宅經濟興起。<br>5.國內景氣不佳，國人消費能力下降。 |

資料來源：全聯官網

發年輕消費族群，如全聯先生系列廣告普遍深植台灣消費者的腦際，強化了便宜一樣有好貨的強烈品牌形象。

　　有別於其他公司著重在吸引新顧客，而較少放在維持老顧客關係的行銷方法，全聯與老顧客維持良好的關係。隨著行銷方法日新月異，觀念更新，越來越多公司願意效法全聯將重點放在老顧客上面。根據Reichheld與Sasser（1990）的研究發現，若顧客保留率提高5%，一年平均將可為公司多帶來總利潤之25～85%。Craft（1999）認為，顧客忠誠度有助於企業建立競爭優勢。因此在有限的預算限制下，將資金用在維持老顧

客的關係將能大幅提升公司的利潤。

　　當前台灣景氣低迷、物價飆漲、民生必需品價格攀升，台灣民眾對於價格的敏感度逐漸提高，環境對向來以最低價格為號召的全聯來說是十分有利的。全聯可以採取市場滲透的策略，藉由促銷或提升服務品質等措施，說服消費者改變習慣、增加購買量。全聯還可更積極做出差異化策略，凸顯有別於量販店的高坪數與多種類商品，雖然商品種類不夠多樣化但要求樣樣都要賣得好，也堅持販賣生鮮商品以服務小家庭消費者；再針對便利超商無法提供生鮮食材的特點，對比強化全聯的服務特色，這才能讓全聯在競爭激烈的環境中引領風騷屹立不搖。

# Chapter
# 13

# 便利商店產業——
# 以統一超商為例

# 一、緒論

在統一健康世界的行銷策略個案分析中，業者自統一企業經營團隊進駐之後，除了將品牌操作納編統一流通次集團之外，充分運用集團資源挹注，從產品、通路、廣告與促銷、價格、現場環境、公關、人員銷售、流程作業、總體服務、顧客關係管理、企業行銷社會責任及最終的品牌再造策略，都是逐步有計畫性的推展，亦藉由新品牌新定位的全新發展，運用整合行銷傳播策略的展開，在國內旅遊休閒產業再創佳績，重新塑造品牌地位，創造品牌價值。研究者則針對產品設計、銷售推廣、經營管理、組織變革、整合行銷傳播及品牌再造等面向，向業者提出具體建議（江致利，2006）。

統一集團旗下品牌眾多，所屬的統一超商是台灣連鎖便利超商業界領頭羊，其發展一直是眾所關注。1992年商業、服務業占國內的GDP的比重達55.1%，台灣的主要產業已逐漸轉變成服務業與商業。服務業部分又可以分成商業、運輸、倉儲、金融、保險、工商以及社會服務等，便利商店就在大環境演變中應運而生。

便利超商原本只是銷售一般民生用品的連鎖雜貨店，對於忙碌的民眾來說，實在是沒有多餘的精力四處比較、挑選商品，如果能短時間內一次解決所有的日常民生物品，而且還能買到超值商品與服務，這將會是最佳選擇。台灣因為地狹人稠、都市化程度與國民所得日漸提高，消費者對於價格彈性敏感度降低，要的就是多元便利的服務，因此在這種氛圍渲染下提供多元服務的便利超商乘勢而起，傳統雜貨店漸漸被環境所淘汰。統一超商秉持統一集團經營理念，因應時勢提供消費者多元而便利的服務，已躍居台灣連鎖便利超商業界龍頭，其發展行銷案例值得窺究。

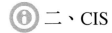 二、CIS

## (一)理念識別（MI）

統一，一首永為大家喜愛的食品交響樂
以愛心和關懷來建構現代人密不可分的健康服務民生產業

這是統一企業的企業理念，統一企業對於理念的詳細闡述：

1.「一首」就是由上而下、由內而外，大家橫縱聯合一起實踐創業者的初心與對「第一念」的堅持，不棄不捨、不背不離。大家的心念一致，行為才會一同，才會成為一體的團隊。
2.「永為」是指統一企業追求永續生存和發展。
3.「大家喜愛」是期許統一企業不論在任何時空背景下，皆能持續掌握全球及當地消費趨勢，開發符合消費者和客戶需求的商品和服務，能夠贏得消費大眾、客戶、員工、股東和合作夥伴的信賴與支持。
4.「食品交響樂」是指「經營統一，大家一起來」，重視內部團隊經營之效能與效率；猶如交響樂團中所有成員各司其職、分工合作，除了注重專業化的個人角色扮演外，更重視整體演出的和諧性。

## (二)視覺識別（VI）

◆Logo理念

統一企業標誌，係由英文字President之字P演變而來。翅膀三條斜線與延續向左上揚的身軀，代表「三好一公道」的品牌精神（即品質好、信用好、服務好、價格公道），另一方面也象徵以愛心、誠心、信心為基

礎，為消費者提供商品及服務，以及產品勇於創新突破的寓意。底座平切的翅膀，則是穩定、正派、誠實的表徵。整個造型象徵超越、翱翔、和平，以及邁向健康快樂的未來。

## ◆色彩意義

1.紅色：熱誠的服務、堅定的信心、赤誠的關注。
2.橘色：代表勇於創新、長於突破，及食品聯想的滿足感、豐盛感。
3.銘黃：富有溫馨、明快、愉悅的感情，代表品牌的期望。

統一企業Logo

資料來源：統一企業官網

## (三)行為識別（BI）

## ◆「千禧之愛預防醫學講座」

基金會於2011年起開始邀請台灣知名學者、醫師對一般民眾演講代謝症候群及其衍生疾病的預防之道，2012年，基金會加入骨質疏鬆、腸胃道、中醫等多元化議題，固定於台北中正紀念堂及高雄夢時代購物中心舉辦系列講座，受到民眾廣大迴響，每場皆有200位聽眾前往參與，於講座中獲取疾病的預防知識。

◆持續參與職棒活動，前進校園推動「全民棒球運動」

統一企業於近四年，共廣告贊助2.07億元，參與國內職棒賽事，並認養台南市立棒球場，回饋市府、經營管理與修繕維護費高達4,107萬元（占總廣告贊助費約20%）。

◆統一陽光黃金豆公益活動

統一陽光跟「台灣營養基金會」聯合發布國小學童飲食行為調查，指出37.5%學童早餐飲料亂喝，注意力落差2.8倍，並提出低GI、卵磷脂跟優質蛋白是打造學童專注力的重要營養原則（引自統一企業官網）。

## 🄳 三、促銷

### (一)39/49元優惠套餐組合

統一超商從2009年4月推出早餐優惠組合進入早餐市場，不同於速食店的時限優惠，統一超商推出24小時全天優惠的搭售方案。搭售是指銷售兩個或更多產品組合而成的新產品（Harlam, Krishna, Lehmann & Mela, 1995），其目的是希望藉由與既有品牌之主產品的搭配，提高新產品之銷售或增加整體業績。Kotler（2007）也說明了搭售之目的主要在於利用產品及特色組成一套銷售方式，以激發消費者購買意願。

1.活動目的：以搭售方式進軍早餐市場，並提高7-11 select產品知名度。
2.目標對象：上班族及學生族群。
3.活動時間：24小時全天。
4.主要訊息：傳遞統一超商所提供的便利生活，融入現代人生活中。

188

5.活動策略：其促銷商品大多為統一旗下商品或是新上市商品，提高新產品的曝光，讓消費者體驗新產品，並以價格增加消費者購買意願。

6.活動內容：以指定飲料＋貼標商品組成綠標39元及藍標49元的兩種優惠套餐組合。

**統一超商優惠套餐組合**

資料來源：作者拍攝

## (二)City Café第二杯半價

　　價格搭售（price bundling）是一種促銷的工具，主要是將兩個或以上獨立的產品一起包裝給予折扣銷售（Stremersch & Tellis, 2002）。價格溝通策略可以減少消費者知覺成本、增加知覺價值和購買意願。統一超商更是提供寄杯服務，提高消費者的購買意願（Estelami, 2004）。

1. 活動目的：以折扣銷售帶動買氣。
2. 目標對象：常在便利商店消費的年輕上班族。
3. 主要訊息：強化「低價但高品質」的品牌內涵。
4. 活動策略：利用折扣銷售和統一超商的密集布點，薄利多銷，並提供寄杯服務提高消費者購買意願，強化消費者「整個城市，就是我的咖啡」的品牌概念。
5. 活動內容：活動促銷商品會因為每次主題不同有所變化，是全品項第二杯半價或是指定商品第二杯半價，例如美式咖啡、拿鐵咖啡中杯以上，並提供寄杯服務，提高消費者的購買意願。

**City Café第二杯半價**

資料來源：City Café官網

# 四、公關

　　統一企業高清愿董事長曾說：「事實上因為我窮過、苦過，所以從報上得知有家庭需要救助，我都會用心協助，藉由這樣的心靈淨化，慈悲喜捨的善行，裨益社會、溫暖人心，將急難救濟金送達需要幫助的人，積極持續來推動社會公益活動回饋社會，那正是我們所積極扮演的另一個角色。貧窮教我惜福，成長教我感恩，責任教我無私的開創。」

因此統一企業成立了兩大基金會，「統一企業社會福利慈善事業基金會」（以下簡稱「統一社福會」）、「千禧之愛健康基金會」。兩大基金會主旨不同，統一社福會主要救濟弱勢族群關懷社會，而千禧之愛健康基金會則是以關懷台灣健康醫療為主，以下根據統一企業官網資料來詳細介紹。

## (一)慈善公益

統一企業成立「統一企業社會福利慈善事業基金會」，係以發展社會救濟事業為宗旨，基金會透過全省400餘個鄉鎮區公所以及民眾服務站的協助，提供全國各地所需案例，至今三十五載，截至2012年12月止，核發急難救助家庭戶數共30,533戶，累計核發救濟金總額達2.4億元；期間並派員實地訪視全省弱勢濟助之機構／學校，近四年達104所（**表13-1**）。

**表13-1　統一社福會公益活動統計表**

| 項目 | 2013年 | 2012年 | 2011年 | 2010年 | 2009年 |
|---|---|---|---|---|---|
| 主辦全國急難家庭救濟救助 | 793戶 | 772戶 | 600戶 | 644戶 | 664戶 |
|  | 8,251仟元 | 7,632仟元 | 5,753仟元 | 5,650仟元 | 5,664仟元 |
| 嘉南區以南國中、國小急難個案救助 | 39戶 | 74戶 | 28戶 | 35戶 | 41戶 |
|  | 3,124仟元 | 592仟元 | 224仟元 | 280仟元 | 246仟元 |
| 全國走透關懷弱勢機構暨偏遠學校 | 42所機構／學校 | 34所機構／學校 | 33所機構／學校 | 25所機構／學校 | 12所機構／學校 |
|  | 1,156仟元 | 869仟元 | 735仟元 | 890仟元 | 436仟元 |
| 捐贈濟助物資 | 8,000項 | 5,800項 | 5,500項 | 5,320項 | 4,722項 |
| 獨居老人服務關懷 | 22戶 | 35戶 | 20戶 | ─ | ─ |
| 全國急難家庭慰問 | 35戶 | 32戶 | 28戶 | 25戶 | 21戶 |
|  | 7仟元 | 22仟元 | 5仟元 | 258仟元 | 255仟元 |
| 估總濟助受益人數 | 5,300人 | 4,500人 | 4,000人 | 2,974人 | 2,526人 |
| 年度總費用支出 | 10,606仟元 | 10,361仟元 | 7,526仟元 | 8,230仟元 | 14,960仟元 |

資料來源：統一官網

　　「統一社福會」本著企業使命懷抱愛心與關懷，打破藩籬，擴及每一個需要的角落，使人與人之間更親近和諧，以減少社會問題，長期關懷弱勢族群。近年來，除了持續堅持慈善性捐助外，更藉由企業內部及集團資源提供更多元之社福領域，以更有系統方式擴及生命、環境教育、節慶關懷、藝文及運動等活動的推廣，並由「用愛擁抱生命」關懷系列活動，期望播種「愛心文化」，把愛擴大，彼此關懷、樂觀進取，從心靈層面建立「貧而樂道，富而好禮」、「貧而無諂，富而無驕」的社會。

**為八仙塵爆傷者加油！捐款步驟**

資料來源：作者翻拍

## (二)健康宣導

統一企業有感於國家醫療支出的增加、高齡化社會的來臨，2003年由統一企業、統一超商共同捐助成立「千禧之愛健康基金會」，號召十多位具代表性之醫學、營養、食品科學之專家學者，結合統一企業集團之食品製造及流通專長共同投入預防醫學及營養保健之社會教育。

因此於2006年開始發起防治三高疾病源頭——代謝症候群的宣導活動，陸續倡導「腰圍八九十健康常維持」、「實踐3D健康生活遠離代謝症候群——DoControl、DoHealthyDiet、DoExercise」等觀念。多年來基金會透過健康講座、研討會、新聞報導、公益廣告、健檢衛教、出版品等方式，不斷呼籲民眾養成控制腰圍與三高指標、健康飲食、規律運動之習慣。

◆「千禧健康小站」

為了方便民眾隨時瞭解自己的腰圍與血壓，實踐3D健康生活，「千禧之愛健康基金會」於2008年開始與「統一超商好鄰居文教基金會」，於7-ELEVEN和康是美門市遴選特定門市，設置千禧健康小站，提供隧道式血壓計與提供腰圍量尺，至2013年全國已有621家千禧健康小站。

◆「健康出動到校園」

2012年開始邀請集團超人氣人偶OPEN小將，化身為基金會代言人「千禧健康OPEN小將」，出動到肥胖率高及偏遠的國小，執行「打擊每太飽（Metabo，代謝症候群英文Metabolic Syndrome簡稱）」的教育計畫及演出「每太飽」話劇，讓學童對肥胖與代謝症候群的防治觀念從小紮根。本計畫特別的是，學童學習後需回家幫父母量腰圍及並轉知健康生活的小撇步，讓親子一同互動健康觀念。

◆「千禧之愛八九量腰日」

　　為加深民眾對於健康腰圍標準──男性不超過90公分，女性不超過80公分的記憶度，基金會自2011年起，訂每年8月9日為「千禧之愛八九量腰日」，並於2012年擴大舉辦，於當日結合統一集團旗下21家連鎖通路及外部4家金融、製藥業共7,500家門市發送出130萬份腰圍量尺，邀請全民一起健康瘦腰（**表13-2**）。

**表13-2　千禧之愛健康基金會活動**

| 年度 | 活動項目 | 場次 |
|---|---|---|
| 2013年 | 千禧健康小站擴點 | 789家（統一超商：589家，康是美：200家） |
| | 第五屆社區健康小站全國健康週活動 | 全台22縣市超過4萬位民眾參與代謝症候群健檢活動 |
| | 千禧之愛八九量腰日 | 與25間企業、28個品牌合作，製作千禧健康OPEN小將BMI（身高體重指數）轉盤，並於全台1,400家門市發放，另於全台4,800家統一超商發送97萬份健康腰圍紙尺 |
| | 健康講座 | 共舉辦11場預防醫學講座，參與人數共2,770位 |
| | 健康出動到校園 | 出動至10間國小，共教育6,733位學生、13,966位家長及導師 |

資料來源：統一企業官網

## ⓘ 五、事件行銷

### 集點活動

　　隨著經濟不斷地發展，在這個競爭激烈的環境下，企業必須靠著推陳出新的行銷手法來刺激消費者的欲望「沒有創新，就等著被淘汰」（葉鳳強、吳家德，2009）。在2005年7-ELEVEN參考香港7-ELEVEN消費滿額送小贈品模式後，「統一超商首度引入全店整合行銷，推出消費滿77元贈送Hello Kitty磁鐵」（林茂仁，2008）。

◆以104/4/1法國藍帶精品餐具集點活動為例

　1.活動目的：以集點贈品的方式，提高消費者每次的購買金額，提升消費買氣。

　2.目標對象：一般大眾

　3.活動時間：104/4/1(三)～104/5/10(日)

　4.主要訊息：以口號：「生活可以很精緻，品味可以很藍帶」，帶給消費者在統一超商消費也可以充滿時尚的意涵。

　5.活動策略：統一超商資料庫分析發現，消費者平均消費金額是66元，統一超商參考香港的消費滿額送小贈品模式，以消費77元贈一點的方式，提高消費者每次在統一超商的消費金額，刺激消費者購買欲望。

　6.活動內容：消費滿77元送一點，每35元再多一點，集滿五點加149元送一款法國藍帶精品外出輕巧小三件組餐具；集滿五點加199元送一款法國藍帶精品居家用餐大四件組餐具（可指定款式）。

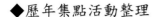
◆歷年集點活動整理

　　統一超商2005年開始Hello Kitty集點活動，接下來的集點活動商品以大家喜愛的卡通人物及公仔為主，蔚為風潮，引起消費者收集的旋風，贈品因此還供不應求。**表13-3**為歷年集點活動之整理，供作參考。

**表**13-3　**集點活動整理**（2005～2010）

| 活動時間 | 集點商品 | 贈送條件 |
|---|---|---|
| 2005年 | • Hello Kitty磁鐵一個<br>• 迪士尼公仔 | 滿77元送一點，集滿10點送 |
| 2006年 | • Hello Kitty花花胸章<br>• 史奴比卡套<br>• 哆啦A夢立體磁鐵<br>• 小熊維尼磁鐵書籤 | 滿77元送一點，集滿10點送 |
| 2007年 | • 迪士尼公仔組<br>• Kitty夢幻百貨<br>• Kitty角色扮演派對公仔 | 滿77元送一點，集滿10點送 |
| 2008年 | • 哆啦A夢交通大發明公仔<br>• 柏靈頓寶寶熊 | • 滿77元送一點，集滿10點送<br>• 集三點加49元換一隻，集六點免費換一隻 |
| 2009年 | • OPEN踢踏舞同樂會<br>• OPEN棒球玩偶 | • 滿77元送一點，集滿10點送<br>• 滿40元送一點，滿20點送 |
| 2010年 | • 柏靈頓熊一隻<br>• 小丸子公仔一隻<br>• 哆啦A夢風扇筆或時光筆一枝 | • 滿60元送一點，集滿20點免費送或10點加49元送<br>• 滿60元送一點，集滿20點免費送或10點加39元送<br>• 滿60元送一點，集滿20點免費送或10點加50元送 |

資料來源：作者整理

**集點活動海報**

資料來源：作者拍攝

# 六、SWOT分析

統一超商SWOT分析如**表13-4**所示。

表13-4　統一超商SWOT分析

| 優勢（Strengths） | 劣勢（Weaknesses） |
|---|---|
| 1.具備強大的通路能力。<br>2.有外銷食品的經驗。<br>3.完整產業鏈整合。<br>4.多元化服務。<br>5.資訊平台整合完善。<br>6.消費者購物習慣改變。 | 1.品牌知名度雖高，但局限於台灣，非國際大品牌。<br>2.雖然生產量大取勝，但目前人民生活品質漸漸提升，不再只是重視量大，而是要求精緻。<br>3.是產業的領頭羊，對手爭相模仿競爭。 |

（續）表13-4　統一超商SWOT分析

| 機會（Opportunities） | 威脅（Threats） |
|---|---|
| 1.大陸市場開放。<br>2.國際化與多角化經營。<br>3.大陸消費者喜愛台灣品牌。<br>4.不斷研發創新產品。 | 1.台灣市場已趨飽和。<br>2.市場競爭激烈。<br>3.政治立場不利於進攻大陸市場。<br>4.連續的重大食品安全問題，消費者對於統一觀感不佳，產品信度下降。 |

資料來源：作者整理

## 七、結論

　　統一超商集點兌換的促銷活動，長期下來因頻頻舉辦，以致於對消費者的吸引力已漸趨下降，反觀競爭對手全家跟萊爾富跟進集點活動後，為兌換熱門人氣商品如蛋黃哥、宇宙人，就引起消費者收集風潮。面對此一現象，統一超商應該繼續與Hello Kitty、哆啦A夢、詹姆士等公仔，規劃推出一系列限定商品，刺激消費者收集欲望以提高消費買氣。

　　近來統一公司一再被發掘出許多的食安問題，統一多項產品（運動飲料、LP33膠囊、有機檸檬汁等）被驗出含有超標的塑化劑（即起雲劑）；統一超商販售之關東煮黑輪產品遭檢出有毒的順丁烯二酸酐，林口長庚醫院臨床毒物科主任林杰樑醫生說，長期服用順丁烯二酸酐會造成腎臟不可逆之傷害，需長期洗腎；統一熱賣商品包括統一布丁、瑞穗鮮乳冰淇淋使用越南進口的飼料椰子油。這些問題若不認真面對，將會嚴重危害到統一食品的品牌形象，統一應該以更為嚴謹的態度，嚴格把關所有的食品原料供應商，提高食品安全標準，避免再次發生食品安全問題，以挽統一品牌形象於不墜。

Chapter
# 14

# 運動行銷產業——
# 以義大犀牛為例

# 一、緒論

早在1987年時，Advertising Age就將運動行銷定義為：以運動為一種促銷的工具，運動行銷是將行銷理念應用於「運動市場」與「運動消費者」身上，即採用適當的行銷策略，將運動市場之硬體設施、軟體產品及周邊產品，做精密的設計、規劃和包裝，透過交換來滿足運動消費者需求的過程。其中運動市場分為兩類：一為實體性運動商品，是屬於消費者或工業性產品的一種，經由製造過程所產生的運動貨品或物品；其二為無實體性運動產品，包含某種體育運動觀念或創意、計畫、競賽節目或服務等；運動消費類型則可分為：

1.以運動技能學習者。
2.以使用運動場地及設施為主者。
3.以觀賞運動競技賽或表演為主者。
4.以運動器材為主者。
5.以企業贊助運動為主者（劉俐琪，2014）。

如果，運用藉以促銷工業性產品（實體性商品）或伴隨的服務給消費者的一種活動（黃金柱，1999），將運動定位為其他產業或商品的促銷工具，這樣不僅窄化了運動行銷之範疇，甚且也將限制運動團體或活動本身的行銷。

從運動行銷的定義「利用運動或是運動相關的活動促銷商品或是服務」來看，其本質就屬商業行為，從這角度切入，運動團體或活動不應該只是狹隘的作為其他商品或服務促銷之工具，其本身的產品或服務也應該透過交易過程，來滿足運動參與者及觀賞者的需求和欲望。

目前國內運動行銷產業的市場規模雖然無法與歐美等成熟市場相比，但未來發展仍具有相當大的潛力（王慶堂等人，2009），在眾多運動

項目當中，棒球是國內民眾最喜愛，且觀賞比例最高的運動競賽（王沛泳，2001），也因此成為國內企業贊助的主要運動項目。2012年10月22日，因不堪虧損與戰績不佳，興農董事會決定停止經營球隊，台灣職棒當時只有四個球隊，分別為Lamigo桃猿、兄弟象、統一7-ELEVEN獅及興農牛，所以興農牛的退出將造成台灣職棒重大的影響，更甚至無法繼續經營下去，經過多方會商之後，義聯集團決以新台幣1億3,000萬元買下球隊，並更名為「義大犀牛隊」，義大犀牛隊雖是新秀進入職棒，但經過球團的努力經營之下，成績不後於其他三個球隊，更在集團的全力行銷包裝之後更展現出其獨特的魅力，台灣職棒發展至今二十六年，已經很有足夠的縱深度可以好好來看職棒談行銷，以下吾人就以義大犀牛為例來分享職棒與行銷。

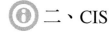 二、CIS

## (一)理念識別（MI）

◆嚴守紀律

1. 克服人性的貪婪，不是自己應得的就不該要，自己努力得來的，才能心安。
2. 天下沒有盡如人意的地方，有了健康的心態，感恩的心，時時感恩父母、師長、球迷、球團的關懷，不順之事也較能處之泰然。
3. 積極樂觀的態度，不斷學習，等待機會，就能走出一條康莊大路。

◆創造價值

1. 當個人及團隊得到社會的認同和掌聲，個人的價值就顯現出來，待遇伴隨水漲船高。

2.個人的價值不單只是球打得好，還有個人在球隊的影響力，以及在社會所扮演的角色，這種無形價值跟球技一樣珍貴。

◆使命必達

1.球團的首要任務就是打勝戰，拿總冠軍，但還有其他社會責任，每個人都要積極參與。
2.球員自我期許，提升戰力。
3.教練團整合戰力，強化競爭力。
4.球團善盡社會責任。

◆永續發展

1.當球員和教練展現出價值後，個人的職業生涯就不僅是打球而已，義聯集團生產、教育、醫療、地產及休閒四大事業體，可以提供球員、教練繼續發展的機會。
2.義大職棒犀牛隊也得以永續經營及發展。

## (二)視覺識別（VI）

義大犀牛母公司義聯集團由製造鋼鐵、特殊鋼起家，故以犀牛作為球隊吉祥物——大義，Rhinos則是犀牛的英文。

## (三)行為識別（BI）

1.義聯集團創辦的初衷為不斷的投資與建設台灣，以造福廣大民眾為主軸，並為展現「取之於社會，用之於社會」的理念，在社會公益方面，也一直作出努力。
2.義聯集團秉持著「創新、成長、責任、永續」的企業文化，相信在

**義大犀牛隊徽**

資料來源：義大犀牛官網

企業追求成長的同時，也有積極參與社會人文活動的責任。

# 三、執行方案

## (一)義大犀牛職業棒球隊之產品策略

由於義大犀牛隊的球迷眾多，因此義大犀牛隊所研發出來的商品不少，藉由球迷對球隊的認同，使得球隊的商品銷售情況良好，而球團也以生產少量多樣兼具實用性與紀念性的產品，以符合球迷的需求。

## (二)義大犀牛職業棒球隊之定價策略

今年度義大犀牛隊的票價方面，南區澄清湖球場皆採用全面劃位，提供球迷選位，全票350元，半票250元，外野200元，每人每場限購4張。

**義大犀牛紀念球**

資料來源：7net官網

◆購買半票資格

1.學生。

2.65歲以上年長者。

3.116公分以上孩童。

※購買半票入場時請出示證件，115公分以下孩童在家長陪同情況下可免費入場（但不可占座位）。

◆現場購票

義大學生（含大學、高中、國中小學）持義大學生證購票進場，假日內野優惠票250元、平日內野優惠票200元（僅限現場購票）。

◆購買內野身心優惠票資格

持身障手冊者本人，及其陪同者一名。

※可於7-11ibon預先購票，入場時請出示證件。

◆外野免費學生參觀券兌換辦法

1.憑本人學生證兌換（小學生憑學籍名牌），每人限兌換一張。

2.兌換時間：開賽前一小時至開賽後一小時。

3.兌換地點：外野入口處。

4.採現場領票，憑學生證領取入場，一人一票，發完為止，無外野區之球場不發放。

◆門票相關企業折抵

1.憑主場門票，平日（週一～週五）到義大天悅百匯自助餐，可享午餐、下午茶及晚餐第二人半價優惠已（以上優惠不得和其他優惠合併使用）。

2.購買內、外野全票，至義大皇家酒店自助午餐可抵100元（限週一～週四，國定假日除外）。

3.購買全票至義大遊樂世界票亭，享原價全票、學生票85折（**表14-1**）。（引自義大遊樂世界官網）

**表14-1　義大犀牛主場票價**

| 球場 | 義大犀牛隊主場 | | | | | | | |
| --- | --- | --- | --- | --- | --- | --- | --- | --- |
| | 內野票 | | | | | | 外野票 | |
| | 全票 | | 身心障礙票 | | 半票 | | | |
| | 假日 | 平日 | 假日 | 平日 | 假日 | 平日 | 假日 | 平日 |
| 澄清湖 | 400 | 350 | 200 | 175 | 300 | 250 | 250 | 200 |

資料來源：作者整理

## (三)義大犀牛職業棒球隊之通路策略

若要購買義大犀牛隊之商品，可透過以下方式購買：直接到棒球場、官方網站線上訂購、直接到球團商品部、透過7net購買。以往雖曾透

過各地的體育用品店販售，但現在經濟不景氣，各地的體育用品社大多已停止營業，加上電子商務蓬勃發展，網路購物方便，因此目前商品的購買須利用以上四種管道，其中又以網購為主。

### (四)義大犀牛職業棒球隊之促銷策略

由於職業棒球是小眾媒體，透過比賽及電視的轉播，球隊的Logo、廣告看板、贊助商的Logo皆會產生曝光效益，此外再藉由公益活動的參與、校園活動的舉辦、官方網站以及會員刊物的資訊傳遞，藉以增加義大犀牛隊的曝光率。

## 四、直效行銷

義大犀牛2015年會員即將在4月16日開始招募，喜愛棒球、熱愛犀牛的球迷們，當然不能錯過！2015年的會員卡分為三種，分別是：犀金卡、犀利卡、犀望小子卡，三種卡都有不同的優惠。

加入犀金卡的會員可獲得2015年的球衣乙件（價值1,980元），還可獲得2015年主場例行賽門票兌換券6張，且不分平假日。若2014年續卡2015年的犀金卡會員可另外獲得2張門票兌換券。此外，持犀金卡至商品部購物可享商品9折優惠（如商品已有專案優惠則不得併用）。

犀利卡則分成三種不同的對戰組合，可依球隊別購買會員持卡至現場該對戰組合，並推出現金折扣的概念。持卡購買內野全票可折抵50元（每卡每場限折抵1張）。犀利卡的會員也可以獲得2015年主場例行賽門票兌換券2張（不分平假日）。而2014年續卡2015年的會員可再另外獲得主場例行賽的門票兌換券乙張。

犀望小子卡加入後可獲得義大犀牛隊徽章乙枚，並且可優先參加六、日球場的體驗活動（ETtoday新聞雲，2015/4/14）。

## 會員卡內容

### ◆犀望小子卡

1.費用：100元。

2.內容：

　　(1)可獲得2015年義大犀牛隊徽章乙枚。

　　(2)可優先參加星期六、日球場體驗活動。

　　※限國小以下學童購買。

### ◆犀利卡

1.費用：999元。

2.內容：

　　(1)首創對戰組合卡，可依球隊別購買。

　　(2)持卡至現場購買該組對戰之全票，可折50元（每場每卡限折一張）。

　　(3)會員可獲2015年主場例行賽門票兌換券2張（無分平假日）。

　　(4)季後賽享有優先購票權（限與卡面相符之對戰組合，每卡限購4張）。

　　(5)享有優先參加球團活動權利。

　　※2014年犀望卡會員，2015年續卡可另獲得主場例行賽門票兌換券乙張。

### ◆犀金卡

1.費用：3,200元。

2.內容：

　　(1)可獲得2015年的球迷版球衣乙件（價值1,980元）。

**義大犀牛會員卡**

資料來源：義大犀牛官網

(2)持卡至現場購買全票，可折50元（每場每卡限折1張）。

(3)會員可獲2015年主場例行賽門票兌換券6張（無分平假日）。

(4)季後賽享有優先購票權（每卡限購4張）。

※2014年犀金卡會員，2015年續卡可另獲得主場例行賽門票兌換券 2張。

## 🔵 五、公關

### (一)義大犀牛公益　與唐寶寶打球同樂

　　義大犀牛全員出席公益活動，陪同唐寶寶吃冰兼打樂樂棒球。贊助商西門町芒果冰店董事長陳維祥及育成社會福利基金會執行長賴光蘭讚揚

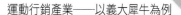
義大犀牛是充滿愛心的隊伍。陳維祥表示，未來到店裡光顧的民眾，只要憑犀牛比賽門票，可享8折優惠。

### (二)早產兒義賣11年　募款金額逼近2,000萬

馮勝賢本身是早產兒，從球員時代發起為早產兒基金會義賣活動，從原本只有捐存錢撲滿到球星物品義賣，從去年開始改成打高球加上義賣的活動，王建民已經連續參與好幾年。去年的公益高爾夫活動報名者不到60人，共募得242萬元，其中有46萬元是來自義賣；今年則有69名球友參與，共募得292萬，其中有67萬9,000元是來自義賣。至去年為止，由馮勝賢主辦的活動合計募得1,640萬元，加上今年的292萬元，目前累積1,932萬元（ETtoday新聞雲，2014/12/25）。

### (三)義大犀牛隊熱心公益　與仁武波麗士共同關心交安

加強交通安全宣導工作一直是仁武警分局努力不懈的任務之一。據瞭解，觀看職棒比賽活動的球迷年齡層集中於14～50歲之間，而這些人正是國家成長力量的重要來源。因此，仁武警分局汪分局長叮嚀同仁們，可結合國內很夯的職棒活動，進行交通安全宣導工作，藉以強化宣導力度與廣度（顏華萱，2013/9/29）。

## 六、事件行銷

2013年3月7日前美國職棒聯盟巨星Manny Ramírez確定加盟中華職棒義大犀牛隊，2013年6月19日決定不續約並將於21號離台，義大犀牛宣布在本日註銷曼尼的球員登錄。正式結束他在中華職棒為期三個月的球季。

「曼尼旋風」帶來多少經濟效益？對義大犀牛來說，票房加商品早就輕易超過5,000萬大關。再「放大」來看整個中職，目前四隊票房總收入已逾1.5億元，由此可見，曼尼的貢獻度更是可觀。義大犀牛的前身興農牛隊，去年觀眾總數僅13萬人次左右，場均2,184人，票房收入不足1,200萬。而今年上半季還沒打完，犀牛觀眾總數已達24萬餘人，場均9,135人，票房收入4,900餘萬元，不僅高居四隊之冠，成長率更是驚人！商品方面，曼尼不少商品又都是限量製作，販售收入還不到400萬。但昨天曼尼走人的消息一傳出，一般曼尼商品立刻被搶購一空。中職史上，單人加盟而帶來這麼高經濟效益，除了曼尼更無第二人（《旺報》，2013/6/20）。

## 七、異業結盟

　　一加一大於二為棒球產業開創永續基業的異業結盟，為了搭上並延燒經典賽中身高180公分球僮妹爆紅話題，義大犀牛也在虹牌油漆的贊助下，舉辦主場球僮妹的公開徵選活動，積極尋求異業結盟的義大犀牛公關經理李家梵表示：為了呼應虹牌油漆旗下產品所具備彩虹、活潑等元素及特色，遂以此理念展開球僮妹徵選活動，並成為球團成立之初，成功開闢異業結盟的合作案例（專案經理，2013/12）。

　　義大犀牛隊明（14日）將於高雄城市光廊舉行市府合作儀式，2015年客場球衣、球場主題曲也會首次亮相，球團也特別準備球員卡組合送給現場球迷，並且安排球員拍照見面會。犀牛球團與高雄市政府合作，明天儀式上除了邀請高雄市政府以及相關單位到場，也邀請所有市民和球迷朋友到場觀禮，從早上10點半開始，球團將在會場發送小贈品，同時準備特別球員卡組合，發送給到場球迷，限量100組。此外，記者會後將會有3月主打星林益全、蘇建榮、黃勝雄以及林旺衛的握手拍照會。此外，球團將

首次公布球場主題曲「快樂出航」，並安排RHINO ANGELS教學時間與現場球迷互動，同時記者會上宣布「每月主打星」，犀牛今年預計除了季後感恩球迷會，將只會舉辦一次官辦簽名會，除了「每月主打星」將不舉辦任何簽名活動（東森新聞網，2015/3/13）。

## 🛈 八、結論

當前我國職業棒球面臨球迷不足、球迷流失、形象不好、媒體報導偏頗以及各球團、聯盟之間的衝突等困境，歸納造成這些經營問題主因，在於職業棒球賭博放水事件，衝擊我國職業棒球形象，造成球迷數急遽下降。另一方面，職棒公關人員及高階主管對於外部環境察覺力、敏感度不足，無法事先發現、預防此事件之發生，又事件發生時仍無積極改善問題，導致所執行之公關活動效果不彰。該如何有效採取後續補救措施，進而改變職業棒球賭博放水事件所帶來的影響，為我國職業棒球重獲球迷大眾信心，才是當前最重要的課題。

整體以觀，當前我國職業棒球面對經營問題的公關運作，看來是零散、非整合、非全面性整體規劃與執行，這種腳痛醫腳以及各自運作的方式無法有效呈現公關效果。應思考該如何增加對外部敏感性、危機處理等，有效地以前瞻性整體規劃，形成指導綱領；以及大格局的結合球隊共同運作公共關係，提振公共關係的效果。

個別來看，目前我國職業棒球公關運作顯得零碎，各球團大都各自運作公關活動，形成公關效用不顯著。對於目前經營問題現狀也無法有效解決。如果各球團相互整合，憑藉全面性的規劃及中華職業棒球大聯盟的運作，而不是專注在枝微末節上，應可以直接有效面對目前職棒經營問題，進而維持長期性發展。

在上述研究中，義大犀牛利用直效行銷的方式，發行三種不同的

會員卡，利用票價優惠及贈送球團相關商品來培養球迷、增加球迷忠誠度。透過一系列的公關活動，例如關懷早產兒公益活動、與高雄市政府合作一起深耕高雄棒球產業，強化球團形象，並加強高雄民眾的認同感，開發高雄球迷的市場。邀請美國職棒大明星Manny Ramírez（曼尼）加盟球隊，吸引全台灣熱愛的棒球民眾的目光，大大的增加球隊的名氣及吸引大量粉絲前來球場觀看，在2013年Manny Ramírez加盟義大犀牛，2013年球季義大犀牛主場平均觀眾數達到6,864人，比起2012年主場平均觀眾數2,184人成長率高達214.29%，不僅僅是義大犀牛主場，2013年全部球場的平均觀眾數6,079人，成長幅度高達149.86%，但是當Manny Ramírez退出了台灣職棒，美國職棒大明星熱潮之後，2014年的平均觀眾數下滑到5,103人，以此數據可以讓我們清楚體會企業經營球隊應該注重的是長期的效益而非短期利益的炒作。2015年義大犀牛宣誓要深耕高雄，並決定60場主場比賽都在高雄澄清湖球場，位於高雄的澄清湖球場是在1999年啟用的，因為長時間的閒置設備老舊失修、交通環境的不便利性影響全隊比賽以及觀眾欣賞的品質，而資料指出澄清湖OT案規模約為每年600萬元，加上認養條件所需費用，每年恐需花費超過2,000萬元，對於義大犀牛來說是一個龐大負擔。義大犀牛領隊謝秉育表示：經營澄清湖球場不可能在短期間內有成績，必須長期投資，花了二至三年才會有效應。所以要如何改善經營主球場是義大犀牛目前最大的課題。

許多大型企業透過認養球隊來提高品牌知名度，同時獲得了社會認同。中華職棒的四支球隊皆是以贊助企業命名，企業與球隊是魚水相助的關係，球隊倚靠企業的贊助可以維持運作，企業也可藉由棒球隊的結合行銷品牌，此外，企業更可以強化包裝行銷球星，與NBA相同，製造出看板球星，吸引大量粉絲，並作異業聯盟，推出專屬球星的運動相關商品，提高球隊曝光率，增加球隊正面形象。此番作為則中華職棒的永續發展，指日可待！

Chapter
# 15

# 非營利產業——
# 以金門迎城隍——
# 浯島宗教文化觀光季為例

# 一、緒論

　　民間信仰是當地居民長時間來的生活及文化匯集，是因地域、觀念及生活習慣之不同而產生差異。節慶最初的意義大多是與宗教儀式及神話有關。具有一定對象、功能、形式與意義。節慶存在於世界上每一個地方，是根植於一個地方的自然與社會環境，反映當地人的生活（郭雅婷，2008）。國內學者吳淑女（1995）對傳統慶典活動定義為：為了建立國家或地區的整體形象，在不以營利為目的，且具有保存傳統文化意義之下，所舉辦屬地方性的活動。傳統節慶活動主要是因應農業社會的生活習性而產生，通常具有宗教或歷史文化的淵源，與自然環境及人民生活習慣有密切的關係（李雅文，2006）。

　　金門位處兩岸之間，早期就是移民的跳板，亦是移民遷居開發的離島之一，在自然環境和人文環境普遍不佳的情況下，原鄉信仰遂成為移民開墾之餘的最佳心靈慰藉，城隍本是古代傳說捍衛城牆的自然神，南北朝之後，才逐漸從城牆的保護神轉化為祈福消災、護國佑民的俗世神，宋代因帝王的提倡，使得城隍信仰普及全國各地（楊天厚，2010）。近年來，在政府於民間的積極努力推廣下，農曆4月12日迎城隍已是金門島上一年一度的最大盛事，並在民國102年被國家文化部列為全國重要民俗活動，文化部在民國97年至102年間，業已指定的「重要民俗」有十四個。

　　在金門縣政府、金城鎮公所、浯島城隍廟管理委員會通力合作下，傳統迎城隍祭典融入文化創意元素，有助於金門觀光發展，活絡地方商圈，創造多元化的經濟效益，更是吸引擁有城隍信仰的中國大陸閩南地區的民眾來金門觀光，一享盛事，以下以IMC角度分析金門迎城隍——浯島宗教文化觀光季活動。

**金門迎城隍授證海報**

資料來源：作者翻拍

## ⓘ 二、廣告

### (一)CF

　　由台灣公共電視與縣政府合作所拍攝的影片，詳細的介紹金門迎城隍的由來、城隍信仰以及迎城隍的相關活動，讓受聽者可以真正的瞭解金門迎城隍的活動並吸引來金門觀光參與。

### (二)海報文宣

　　金門縣政府印製發行海報文宣，讓來金門的觀光客能夠準確瞭解訊息，海報文宣詳細記錄了迎城隍一系列活動的時間及地點，能讓觀光客不錯過任何一場金門盛事。

**金門迎城隍燈籠**

資料來源：作者拍攝

# 🛈 三、直效行銷

## (一)迎城隍手冊

　　由金門縣政府印製發行的迎城隍手冊，裡面詳細的介紹金門迎城隍活動與信仰的源起，並一一介紹迎城隍系列活動，讓觀光客能夠瞭解活動背後的意涵，讓觀光客能夠深度的認識金門，手冊更貼心的幫遊客規劃三天兩夜的金門旅遊行程以及迎城隍遶境地圖，有了這本小手冊讓觀光客來金門不只是走馬看花旅遊，而是一場深度的傳統文化之旅。

**金門迎城隍手冊**

資料來源：金門縣官網

## (二)詳細旅遊行程規劃

在金門迎城隍的官網中，金門縣政府貼心的為觀光客設計了三天兩夜及兩天一夜的旅遊行程，並附上了交通與民宿的相關資訊，讓觀光客不再煩惱於蒐集旅遊資訊。

◆三天兩夜旅遊行程

**第一天**

水頭聚落【水頭僑居─金水國小─得月樓─僑鄉文化館】→翟山坑道→總兵署傳統藝陣體驗→夜遊後浦小鎮（免費導覽解說，19:30於總兵署集合，解說約2小時）

**第二天**

城隍廟祈福體驗→古寧頭電瓶車遊程【林厝砲陣地─古寧頭戰史館─北山播音牆（全國唯一開放的一處心戰喊話遺址）─北山海堤─鎮西宮

**金門迎城隍建議行程**

資料來源：金門縣官網

—北山古洋樓—振威第—北山風獅爺—三眼井—自然溼地中心—關帝廟—水尾塔，約2小時】→九宮碼頭→烈嶼鄉文化館城隍活動體驗→九宮坑道→勇士堡、鐵漢堡（地雷主題館）→烈女廟→雙口出海口（最近距離遙望大陸）→莒光樓、莒光湖賞燈光秀

**第三天**

沙美車站→馬山觀測站→獅山砲陣地（榴砲主題園區）→山后民俗村→823戰史館→迎賓館→金門陶瓷博物館→陳景蘭洋樓

**◆兩天一夜旅遊行程**

**第一天**

烈嶼鄉文化館城隍活動體驗→九宮坑道→勇士堡、鐵漢堡（地雷主題館）→烈女廟→雙口出海口（最近距離‧遙望大陸）→翟山坑道→總兵署傳統藝陣體驗→夜遊後浦小鎮（免費導覽解說，19:30於總兵署集合，解說約2小時）

### 第二天

　　城隍廟祈福體驗→古寧頭電瓶車遊程【林厝砲陣地—古寧頭戰史館—北山播音牆（全國唯一開放的一處心戰喊話遺址）—北山海堤—鎮西宮—北山古洋樓—振威第—北山風獅爺—三眼井—自然溼地中心—關帝廟—水尾塔，約2小時】→馬山觀測站→獅山砲陣地（榴砲主題園區）→山后民俗村→823戰史館→迎賓館→金門陶瓷博物館→陳景蘭洋樓

## (三)迎城隍解說員

　　金門縣政府交通旅遊局指出，每年農曆4月12日，浯島迎城隍廟會為最大宗教慶典活動，為使觀光客能瞭解活動典故及慶典意義特地招募訓練專業解說人員。迎城隍的英文解說、如何解讀「乩身服飾、肢體語言」都是迎城隍解說員訓練課程，三十多名的迎城隍解說員將貼身帶領遊客體驗金門的傳統文化。

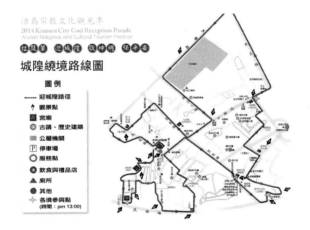

**金門迎城隍路線圖**

資料來源：金門縣官網

金門迎城隍335週年紀念

資料來源：作者拍攝

# ⓘ 四、事件行銷

## (一)迎城隍主題商品設計競賽

　　縣府為行銷地方特色資源，鼓勵地方業者投入商品研發及創新，特結合金門迎城隍活動，舉辦主題商品設計開發競賽，期為地方產業注入創新觀念，營造地方品牌。「2010城隍有禮‧金門迎城隍活動主題商品設計開發競賽評審會議」，昨下午四時假第一會議室登場，邀請建設局李增財局長、文化局李錫隆局長、交旅局何桂泉課長，以及國立金門大學通識中心主任王士朝、觀光管理系主任陳建民擔任評審（《金門日報》，2010/5/6）。

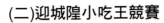

## (二)迎城隍小吃王競賽

由金門縣政府主辦，金門縣餐飲同業公會、金城鎮公所協辦，前金門縣長李沃士表示：廣東粥、蚵仔麵線為金門地方傳統小吃，炒泡麵則是國軍進駐後新開發的美食，配合浯島城隍遷治330週年廟會首度舉辦小吃王競賽，希望藉由此活動讓金門的特色小吃能逐步打開市場，不僅是地區赫赫有名，更能揚名到台灣、大陸，打響金門小吃知名度。

1. 活動目的：藉由迎城隍活動平台露出地方美食，藉由競賽方式炒熱活動氣氛，並予參賽小吃商家尊榮感及官方認證。
2. 時間：101年4月28日16:00報到，比賽時間16:30～17:30。
3. 地點：金城鎮後浦十六藝文特區廣場（金城鎮陳氏宗祠內）。
4. 參加對象：對於料理有興趣者，不分男女老少，但需以「商號名稱」為隊名。

## (三)百年、百節蜈蚣座

「蜈蚣座」是金門「迎城隍」最具有特色的陣頭，具有趨吉避凶開道功能，以「蜈蚣座」上的「兒童古裝」表演最吸睛，成為金門迎城隍遶境巡安特色。金門東門境的蜈蚣陣，以特製的小車相連、以人力堆送，由穿著古裝的小孩乘坐其上，車上必設有小陽傘，遮陽外，走在彎彎曲曲的香路上一節一姿色，及兒童旗隊等讓東門境在陣頭中顯得格外別緻。因是建國一百年，主辦單位擴大為「百年、百節蜈蚣座」，號召二百名小朋友參加，迎城隍慶典蜈蚣座全長176公尺，獲「世界最長人力肩扛蜈蚣座」金氏世界紀錄認證。

金門迎城隍蜈蚣座盛況

資料來源：作者拍攝

## (四)2014「金虔誠、金好玩、金精彩、金好康」活動

◆金虔誠系列

①金虔誠～天上聖母及蘇府四王爺聯合平安遶境

1.內容：農曆3月20日的媽祖聖誕及3月22日的蘇府四王爺聖誕，依傳統於農曆3月20日舉行聯合平安遶境，也向民眾預告412迎城隍即將到來。此項遶境論其規模與傳統412遶境相近，尤其今年為國曆4月19日恰逢週六，將帶動更多人潮參與，盛況可期。

2.時間：4/19（星期六），14:30。

3.地點：後浦城區。

②金虔誠～迎輦成年禮

1.內容：傳承地區傳統民俗廟會慶典活動，將靜態性的「成年禮」祭祀儀式，融合民俗技藝活動的體驗，讓參與者透過親身參與體驗這樣隆重的儀式暨慶典的過程，激發自我獨立的意識和對社會的一份責任感，深層內化後將是男孩蛻變為男人最值得紀念的里程碑。

2.時間：5/5（星期一），18:00～20:00。

3.地點：北鎮廟廣場。

◆金好玩系列

①金好玩～民俗博覽會——閩南工藝文化

1.內容：提供繡花鞋、香包、中國結、捏麵人、畫糖人等工藝之DIY材料，邀請專業老師指導製作與體驗，讓民眾更暸解閩南的工藝文化。

2.時間：4/13（星期日），14:00～17:00。

3.地點：金門鎮總兵署。

②金好玩～民俗博覽會——古早童玩文化

1.內容：提供包含毽子、跳房子、滾鐵圈、丟沙包、尪仔標、竹蟬、竹蜻蜓等，或是遊戲體驗道具，或是製作教學的材料，讓大人帶著小朋友一起重溫歡樂的童年時光。

2.時間：4/20（星期日），14:00～17:00。

3.地點：金門鎮總兵署。

◆金精彩系列

①金精彩～踩街遊行暨民俗表演活動

1.內容：為412踩街遶境活動預作熱身，帶動節慶的氣氛；即以民俗

活動遊街遶境，邀請各學校民俗才藝社團配合演出，及地方傳統藝陣團體等表演，將嘉年華會之節慶氣氛散播給後浦居民和遊客。

2.時間：4/26（星期六），18:30～22:00。

3.地點：後浦城區及總兵署前廣場。

②金精彩～兩岸藝陣觀摩表演

1.內容：包含輦轎和藝陣，把握互觀摩學習機會，誠於心而發乎外，故以藝會友，一切交由神裁——神筊博杯，決定優勝隊伍，正所謂的其爭也君子。

2.時間：5/8（星期四）。

3.地點：西門外武廟

③金精彩～講古說書

1.內容：「浯江書院」為金門昔時四大書院之一，配合於「四月十二」迎城隍節慶活動，在古意盎然的古蹟建物中辦理「講古說書」活動，為古蹟注入藝文氛圍，再塑書院講堂文風，藉以帶動觀光人潮。

2.時間：5/4～5/10，19:30。

3.地點：浯江書院。

◆金好康系列

①金好康～體驗金門四境宮廟陣頭送好禮活動

1.日期與地點：

(1)4/23～4/29東門代天府（體驗項目：公揹婆等）、南門天后宮（體驗項目：Q版電音千順神將等）。

(2)4/30～5/6西門外武廟（體驗項目：蜈蚣座等）、北門北鎮廟（體驗項目：神輦等）。

2.禮物兌換方式：凡依規定體驗者，就送活動紀念品乙份。禮物數量有限，送完為止。

##### ②金好康～民俗技藝歡樂吧

1.日期與地點：5/10（星期六），金門縣政府前。
2.配合迎城隍遶境，民眾可至歡樂吧體驗，並帶回DIY民俗藝品一份；數量有限，送完為止。多項民俗活動，等你一起來體驗！（引自金門縣政府）

**金門迎城隍民俗活動表演**
資料來源：作者拍攝

### (五)2015獅王爭霸戰

1.內容：邀請國內外頂級龍獅團隊蒞金切磋觀摩，除了宏揚固有國粹，增進舞獅團隊聯誼外，亦讓金門居民及遊客能觀賞到最精彩的

226

獅王同場競技，從而期望能提升金門舞龍舞獅之技藝水準。

2.時間：5/17（星期日）。

3.地點：金門縣立體育館

**獅王爭霸戰活動照片1**

資料來源：Lee-His-Wei

**獅王爭霸戰活動照片2**

資料來源：Lee-His-Wei

## (六)金門迎城隍遶境

1. 內容：遊客可以參加412傳統遶境隨香隊伍，參與這金門一年一度最盛大的宗教慶典，體會虔誠信眾遶境隨香的感動。
2. 時間：5/10（星期六），13:30。
3. 地點：浯島城隍廟、東門代天府、南門天后宮、西門外武廟、北門北鎮廟。

**金門迎城隍遶境活動1**

資料來源：作者拍攝

**金門迎城隍遶境活動2**

資料來源：作者拍攝

**金門迎城隍遶境活動3**

資料來源：作者拍攝

# 五、金門迎城隍相關產品

## (一)文創商品

### ◆忠義兄弟御守（七爺八爺）

將大眾熟知的民間故事角色七爺八爺，金門島型結合戰地迷彩形象，設計成可愛討喜的Q版御守，禮盒包裝使用城隍廟外觀設計。

### ◆城隍慶典黏心意紙膠帶【鬧金門】

迎城隍是金門最大節慶，各地境主們用各式陣頭歡慶，如立志向上的打花草、吉祥求子的十二婆姐、金氏紀錄中的金門蜈蚣陣有取健康的意涵，祝福的心意轉化成迎城隍的熱鬧慶典！

**金門城隍廟**

資料來源：作者拍攝

## ◆城隍慶典黏心意紙膠帶【迎平安】

金門迎城隍遶境遊行聚集了全金門居民祈福平安的心意，城隍廟、閩式建築、水頭得月樓點綴其中，金門特有的紅磚外牆，讓這個海洋小島充滿熱鬧節慶氣氛！

## (二)金酒推出迎城隍紀念酒

為迎接一年一度的大型民俗慶典，特設計Q版城隍爺巡安轎身造型酒品，富含保佑及紀念之意，貼近工藝藝術之美，搭配帶有濃郁的金門香型，酒氣和諧宜人，入口甘美的口感，柔軟清爽，尾韻風味持久令人回味無窮。

**2015金門迎城隍酒**

資料來源：金門酒廠

# 六、結論

　　目前台灣最適當的節慶活動之舉辦模式，應為透過非營利組織自行發起辦理，而政府部門則轉為從旁協助，其活動結果最能達到文化推展與促進當地經濟發展的效益。目前政府推動文化創意產業的策略主要以四方面為主，重點扶持、創意群聚、專屬部門、基礎建設，進行其產業推廣。因此，政府推展宗教文化產業的努力，則以金門迎城隍的活動為最佳的典範。歷年來在金門縣政府因勢利導的作為之下，呈現更具宗教文化價值的兩岸交流活動。

　　金門城隍信仰於明洪武二十年（1387年）開始至今已有六百多年的歷史，已經深植金門人的心中，在金門縣政府與地方有志之士的努力下，將金門迎城隍的活動打造成為年度經典盛事，透過金門迎城隍的祭典活動下，吸引大批台灣各地的旅客到金門觀光參與盛事，如上述分析，金門縣政府在農曆4月12日之前舉辦一系列的傳統文化活動作為事件行銷，讓本來只有一天簡單城隍廟會活動，變成長時間、多元化、極具話題性及吸引性的一大盛事，例如獅王爭霸賽而言，金門縣政府邀請東南亞具有僑鄉文化的舞獅團來金門，一起發揚國粹，並吸引華僑觀光客來金門旅遊。發展文化創意商品賦予舊傳統活動一股新生命，擴大其觀光族群，讓年輕人也喜歡上了迎城隍的活動。

　　綜觀金門迎城隍的祭典活動之所以成功且越來越盛大，是基於各方面條件和政府政策的配合，水到渠成的成就金門此項民間盛事；而活動之中所應用的整合行銷傳播的工具竟和一般商業行銷作為不謀而合。多重傳播工具的應用是其活動的強項，運用更多的事件行銷讓世人留下深刻印象。吾人是否考慮引用代言人以擴大參與的層面，以江蕙代言金門高粱酒為例，似乎帶起了一股風潮的行銷作為。迎城隍的活動也可以考慮以代言人的方式打響兩岸活動的文化盛事。

Chapter
**16**

# 政治行銷產業——
# 以2014台北市市長選舉為例

## ⓘ 一、緒論

　　就行銷的角度而言，行銷乃是從製造者端到消費者端，所有行為的總和。故吾人看待商業行銷的演化是以產品為導向的行銷，亦即四個P，也就是從產品、價格、通路到促銷的活動，進階以顧客為導向的行銷，包括以客為尊、物超所值、易於購得和雙向的溝通；如果把政治行銷定位為一個行銷活動，我們就可以直接把政治人物當為一個產品，然後，把行銷者端我們在顧客或者是消費者的角度來看，這就是選民。

　　就學理而言，政治行銷和商業行銷並沒有太多的區別，我們可以看待一個行銷的作為，從商業的環境和政治的環境其實並沒有太多的分歧，在行銷的領域當中講求更多的行銷作為也就是現代的行銷運用各種的傳播工具來達到行銷的目的。也就是在我們所談論的整合傳播行銷，或者稱呼它為整合行銷傳播道理是一樣的，運用更多的工具來達到企圖想要達成的行銷目的，這在本質上政治行銷和一般的商業行銷並沒有太多的不同。從政黨作為中做更多的觀察，也就是在政治產品當中，我們把候選人界定成為一個商品，把更多的選民當作是消費者來看待，其實做這個角度上面只是概念的差別而沒有真正的差異性。當然把所有傳統的行銷環境的技巧放在政治行銷上面還是有不足的地方，怎麼去看待政治行銷能夠更廣泛的應用整合行銷傳播的意念，這才是一個最核心的問題。所以在選舉更為商業化的今天，甚至選舉環境瞬息萬變也逐漸在惡化中的當下，怎麼樣去看待選舉活動的行為符合更多選民的需求，自然要藉著更多傳播工具的呈現讓選民也就是消費者能夠多一點的認識。除此之外，在整合行銷傳播的理論當中，其實也就建構了最好的商業行銷和政治行銷規範的準則。

　　我們在歷次的選舉當中都看到了政治傳播，行銷理論還沒有完整的加入到政治傳播之前，嚴肅的說來，吾人要用政治傳播的觀念，使它更為貼近於所有選民的需求實在力不從心。在過去的政治行為當中，無論是不

是包含著選舉的動作，其實都離不開政治行銷或政治傳播的範疇，一個政黨或者是一個政體其實就是在製造者端製造一種訊息，讓我們更多的消費者（選民）能夠感受到，製造者端帶給我們消費者（選民）什麼樣的一個包裝產品或者是候選人可以接受的行為。當轉念看待商業行為的政治行銷其實也就是在近代中融入到選舉、公投，包含著傳播工具和行銷意念的政治行為；更多的政治行銷，包含著過去的政治傳播的選舉工具正存在政治行銷的範圍之中，越來越多的傳播工具更符合了當前政治環境的快速變化。過去相當多的政黨或者政體，運用著有限的行銷工具，在民智未開的年代，當屏除政治的意識無法廣泛的成為一種典範的時候，我們看到的政治傳播是貧乏的。政治行銷正結合著越來越多的傳播工具，使得現代的選舉越來越複雜，我們將在後面的章節，以2014年台北市長選舉為例子來做更多的分析。

在早期一黨獨大的年代，其實政治的傳播也具備了某些的雛形，譬如執政黨對於媒體不只是全面的管控，也正在教育他所統治的選民或者是他面對的消費者，在進行正確的包裝，有些時候對於選舉沒有任何外力的介入而是非常單調的，一直到台灣的政壇因為有所謂黨外人士的介入，逐漸起了漣漪。越來越多政黨的作為可以說是讓執政黨跌破眼鏡；越來越多的政治傳播工具，也讓政治行銷轉化達到成熟的地步。兩黨在政壇當中做良性的競爭，其實也就是在讓消費者（選民）做多一點的選擇，一直到台灣全面開放黨禁，所謂的兩大黨之外又衍生了更多的小黨，小黨也並非全無舉足輕重的能力，在解嚴之後多次的選舉當中很多的小黨也扮演了重要的角色，譬如民進黨與台聯，譬如國民黨和親民黨的結合，甚至是新黨。不斷的蛻變之中，我們看到更多的政治行銷，所以深入的去探討政治行銷的重要，其實也正在敘述著一部台灣政治選戰的變化史。早期台灣的政治行銷除了文宣，也就是從文字的宣傳到口語的傳播，只有簡單的傳播工具，人民的選擇並不多；反對黨的出現，更多的傳播工具讓當年的執政黨吃盡苦頭，他們才驚覺政治行銷是那麼的重要。

　　行銷的範疇當然涵蓋著產品，怎麼樣把好的產品用正確的行銷策略推銷給消費者也就是選民，當然核心的價值都存在著商業性的領域，只要探討過去沒有的作為，為什麼在現代越來越錯綜複雜的政治環境，運用著更為廣泛甚至去蕪存菁的技巧，在過去得宜的手法也不再是萬靈丹。民進黨崛起之後，與國民黨的傳播手法相比較，多了一層的見識。我們要認知的行銷不是賣東西，行銷也不是做廣告，認知應該聚焦在民心思變和求新求變的行銷手法，從現代行銷學的演進，無論是以顧客為導向的行銷去尊崇顧客，甚至因應環境，提升行銷的價值，以及行銷的作為必須要和消費者產生共鳴，當政黨或政體無法和他的選民也就是消費者產生共鳴的時候，那麼他所呈現的殘破、衰敗，自然是不足為奇的。回顧台灣的選舉史，國民黨以組織取勝，而民進黨有更多花俏的選舉招式，兩黨能做的在當今以整合行銷傳播的領域來看，幾乎是淋漓盡致，應該沒有遺憾可言。

　　在台北市長選戰柯文哲和連勝文激烈的選戰當中看到了無所不用其極的花招，更早的時候，政黨的作為一般認為國民黨偏重的印象是理性，甚至是柔弱的政黨；民進黨在過去被壓抑的時候所嶄露出來的韌性、呈現出來的挑戰能力也是讓我們感到得體而慶幸的。就政治行銷的另一層說法，國民黨溫和的選戰的打法，逐次的呈現在選戰的失敗中，我們無意去探討政黨的興衰，我們要多些探討的是如何在選戰當中正確的選用得體也就是合宜的傳播手法，政治的興衰和民意的相悖正逐漸由政治行銷的策略來判斷和取捨，每一次的選戰，甚至在台灣政黨輪替，以優勝劣敗去看待選戰和政治行銷的範疇，其實也正顯露出行銷的遠見，客製化的產品出現就是更貼近於民意的政黨作為，如何能夠說清楚講明白，讓選民一目了然。你的政治主張也正是你的強項，和選民的關係自取得政權之後，也就是一個契約、一個約束，從人本的角度來看待選民，其實選民是盲目的、無知的，透過五花八門的競選手法，運用的即是行銷領域的手法，讓我們逐次的接觸到現代的行銷，也正是本書的核心價值整合行銷傳播。

　　民主政治的可貴在於政黨的運作和實施全民的選舉，人類有了政治的運動之後，其實對於所謂的行銷概念是相當的陌生，縱使在民主政治逐漸成熟的當下，尤其是政黨的參政人員或是政黨的黨務工作人員，也無法對於政治行銷的範圍做一個很清晰而具體的政治運動，我們要深入討論的是行銷的概念既然是相同的，那麼在政治的作為當中我們是不是有比商務行銷更要深入分析或者通盤瞭解的作為。在過去的研究當中，政治談論到的行銷也就是政治傳播，也是由相關的選舉裡面來看出政治傳播的核心價值，譬如政治立場或者是正面的宣導等等，當然也論述了部分的政治公關，譬如政黨或者是參選人員的包裝。政黨期盼這樣的一種行銷的意念，得到選民的青睞；研究者無法對於政治、政黨的輪替或者是政黨行銷的效果給予絕對的論斷，而對於和商務行銷在學理上是相通的政治行銷，要做到更多行銷理論和應用的結合。

## 二、PIS分析

　　商業行銷的CIS（Corporate Identity System），在候選人而言即是PIS（Personal Identity System），2014年台北市長選舉是以連勝文與柯文哲兩位主要候選人對壘的狀態，所以我們分別透過兩位候選人的官網及BBC中文網擷取對連柯二人的介紹，先來一窺這兩位市長候選人的出身背景與形象，同時讀者也可以從簡介內容對比出二人的鮮明樣貌。

### (一)連勝文簡介

### ◆競選官網簡介

　　連勝文（1970年2月4日），中華民國台灣省台南市人，知名政治人物第二代與知名企業家，出身政治世家，現任中國國民黨中央委員和前悠

236

遊卡股份有限公司董事長，其父為中華民國前副總統及擔任中國國民黨名譽主席的連戰，祖父是連震東、曾祖父是撰寫《台灣通史》的連橫。

連勝文為家中長子。於1970年出生於台南市，後隨家遷居台北市並就讀於木柵附近的再興中學。高中畢業後進入輔仁大學法律系就讀，以體重過重為由，未曾於中華民國服兵役。隨後至美國哥倫比亞大學攻讀並取得法律博士學位（J.D.）與法律碩士學位（LL.M）。

## ◆BBC中文網對連勝文的介紹與描繪

這次台北市市長選舉目前民意支持度較高的三位都是以前從未有從政經驗的政治素人，但是國民黨候選人連勝文卻可以算是被討論最多的候選人。

抽籤拿到6號、1970年2月4日出生的連勝文是國民黨榮譽主席連戰的長子，在美國哥倫比亞大學取得法學學位。連勝文競選前擔任台北悠遊卡公司的董事長，出任該職之前從事金融投資業的工作。由於是連戰的長子，因此連勝文被形容為世家子弟，被指「不但有錢也有權」，成為他從政的負擔。

2010年前次台灣五都選舉，連勝文參加助選活動時，被人開槍射擊導致身受重傷，從此在台灣政壇聲名大噪。後來連勝文當選國民黨中央委員，並在台北市市長黨內初選中擊敗擔任立法委員的老將丁守中取得市長候選人提名資格。但是這也導致了部分國民黨黨員的強烈反彈，也令連勝文的選情一直受到所謂「內憂外患」的影響。

而連勝文本人的資歷與家族的財富也受到外界的質疑，這令連勝文的政見相對地被忽視。隨著投票日越來越近，但是媒體對連勝文的報導還是以負面居多，連勝文對此回應說，他無法選擇自己的家庭，但是「絕對會把市長做好」。

## (二)柯文哲簡介

### ◆競選官網簡介

柯文哲（1959年8月6日），生於中華民國台灣省新竹市，外科醫師，現為國立台灣大學醫學院附設醫院創傷醫學部主任，亦是國立台灣大學醫學院教授。專長為外傷、急救、器官移植等。

柯文哲畢業於台灣大學醫學系。畢業時參與醫師國考，以全國第一名取得醫師資格。受其師朱樹勳影響，柯文哲選擇外科作為專科，投入急診與重症加護工作，曾至美國明尼蘇達大學進修，擔任外科研究員，研究人工肝臟。回國後，當時擔任台大醫院外科主任的朱樹勳，要求柯文哲建立器官移植小組，以心臟移植為目標。為了增加器官移植的成功率，柯文哲自美國引進葉克膜技術至台灣。柯文哲在器官移植小組期間，建立了標準器官移植程序，經由衛生署推行到全國。

醫生不能改變生死，就像園丁不能改變春夏秋冬，只能讓花木好看；醫生只是生命花園的園丁，讓病人活得好看一點而已。人生的結局都是死亡，差別只在有插管跟沒插管。——柯文哲

承認自幼即有亞斯伯格症——柯文哲對平面媒體承認，自幼即有亞斯伯格症，讓他不懂人情世故，講話容易刺傷人。雖這症狀不影響他的成就，但他的兒子也得了相同病症。

2013年，柯文哲在一場救扁晚會中，說：「扁已經是廢人了」，引起扁的不悅，陳唐山等人探扁時，扁拿報紙逼問「我真是廢人嗎？」陳唐山等人事後把柯文哲痛斥一頓，「阿扁有重度憂鬱、有自殺紀錄，你說阿扁是廢人，他不想活了怎麼辦？」柯當時說以後會檢討發言。

◆BBC中文網對柯文哲的介紹與描繪

　　這次選舉當中，在野的民進黨作出了一個引起黨內外爭議的決定，就是台北市不推出候選人，支持組成所謂的「在野大聯盟」、力挺無黨籍候選人柯文哲。

　　1959年8月6日出生的柯文哲，台灣大學醫學院畢業，1993年赴美進修人工肝臟，後來擔任台灣大學附屬醫院主治醫師、創傷醫學部主任等職務。

　　抽籤抽到7號的柯文哲由於引入簡稱葉克膜的體外膜氧合技術（Extra-Corporeal Membrane Oxygenation, ECMO）而被戲稱為葉克膜之父，此一技術主要用於維持重度外傷患者的生命跡象。

　　2010年11月26日，本次台北市國民黨籍市長候選人連勝文在助選時被人開槍擊中，當時指揮搶救的就是柯文哲。

　　2011年，台灣大學附屬醫院發生移植愛滋病器官事件，台灣的有關部門認定建立器官移植程序的柯文哲有督導不周的責任，監察院提案彈劾柯文哲。

　　據稱，雖然柯文哲來自極為支持民進黨的深綠背景，先前並無意從政，但是前述的彈劾案促使柯文哲動念參政。

　　雖說柯文哲先前無意從政，但是柯文哲之前就經常對政治發表意見和看法，例如形容台灣前總統陳水扁被判刑監禁是所謂「政治迫害」等等。

　　批評者和競選對手指責柯文哲來自深綠背景並與民進黨和台聯黨合作、共組在野聯盟卻又宣稱要「跳脫藍綠惡鬥」，認為柯文哲是想要「騙取」中間選民的選票。

　　這次參選，柯文哲打出「不分藍綠」的口號，而民進黨和台灣聯盟也在經過民意調查之後決定不推派候選人參選，與其組成在野大聯盟，挑戰台北市。

表16-1　競爭者分析——柯文哲與連勝文比較

| 候選人 | 連勝文 | 柯文哲 |
| --- | --- | --- |
| 個人照片 | | |
| 年齡 | 1970年2月4日 | 1959年8月6日 |
| 家庭背景 | 中華民國台灣省台南市人，知名政治人物第二代與知名企業家，出身政治世家，現任中國國民黨中央常務委員和前悠遊卡股份有限公司董事長，其父為中華民國前副總統及擔任中國國民黨名譽主席的連戰，祖父是連震東、曾祖父是撰寫《台灣通史》的連橫。<br>連勝文妻子蔡依珊從小就讀台北美國學校，於加拿大魁北克蒙特婁地區就讀高中與大學。於1998年9月進入麥基爾大學（McGill University）就讀。其後轉赴美國布朗大學生物暨醫學研究所攻讀博士學位（Brown University, Division of Biology and Medicine），據稱亦取得博士候選人資格，惟因結婚之故，最後未能完成博士學位，僅以論文「A Potential Nuclear Role of the Human GIGYF1 Protein Down-regulating Multiple Histone Genes」取得生化碩士學位。 | 1994年陳水扁選台北市市長時，柯文哲為扁醫界後援會幹部。2000年，柯文哲擔任陳水扁競選總統台大醫院後援會召集人。<br>柯文哲曾支持蔡英文競選總統，為蔡組織競選後援會與進行募款，也是小英之友會常任理事。<br>妻子陳佩琪是台灣澎湖人，澎湖馬公高中、台灣大學醫學系畢業，現任台北市立聯合醫院和平婦幼院區小兒科主任。兩人經相親結婚，婚後育有1子2女。長子被診斷出有亞斯伯格症候群。 |

整合行銷傳播理論與實務 · · · · · · · · · · · · · · · · · · · · · · · · · · · · · · · · · · · · · · · · · · · · · · · · · · · · · · · ·

240

（續）表16-1　競爭者分析──柯文哲與連勝文比較

| 候選人 | 連勝文 | 柯文哲 |
|---|---|---|
| 最高學歷 | 美國哥倫比亞大學攻讀並取得法律博士學位（J.D.）<br>法律碩士學位（LL.M）。 | 以第一名的成績畢業於新竹中學，考上國立陽明醫學院醫學系就讀一年，大二時重考進入台灣大學醫學系。台灣大學醫學系畢業後，以全國第一名成績通過醫師國考，取得執業醫師資格，並受其師朱樹勳影響而選擇外科為專業，投入「急診」與「重症加護」的前線工作。 |
| 政治經歷 | • 中國國民黨中央常務委員（2005～2009年）<br>• 連宋總統大選青年軍副總召集人<br>• 中國國民黨中央委員（2005年至今）<br>• 2012年12月，被新加坡海峽時報評選為16位2013年「崛起中的政治明星」之一<br>• 2014年參選台北市長失利<br>• 2015年1月接任財團法人青年發展基金會執行長一職 | 家中僅有柯文哲一人從政 |
| 形象包裝 | 律師 | 醫生 |
| 個人特質 | 活力、熱誠、人脈廣 | 亞斯伯格症、有效率 |
| 負面新聞 | •連營外流廣告影片，轟柯文哲歧視女性<br>•連勝文被形容為世家子弟，被指「不但有錢也有權」，成為他從政的負擔 | 柯文哲「殖民越久越進步」論被指「內心皇民化」 |
| 個人網站及部落格 | • 連勝文Facebook<br>• 連勝文官網明日台北‧市政聽，http://taipeihope.tw/<br>• 連勝文YouTube | • 柯文哲的Facebook專頁<br>• 柯P新政官網，http://kptaipei.tw/<br>• YouTube上的「柯文哲」頻道<br>• YouTube上的「台北調【非官方】」頻道<br>• YouTube上的「公民顧問團──幫助柯文哲成為更好的台北市長」頻道 |
| 網站及部落格特色 | 國際化 | 網站説出的是大部分老百姓和民眾的心聲 |
| 競選標語 | 「明日台北，傾聽全民的聲音！」 | 「萬象更新」、「改變成真」、「One City One Family」 |

資料來源：作者整理

 三、環境分析

　　台北自十九世紀中末葉的清朝及後繼的日治，逐漸躍升為台灣的政治經濟中心，地位動見觀瞻，地方行政首長更是眾所矚目的對象。我們從以下維基百科對台北市長職務演變的敘述，可以清楚看到為何近來台北市長的選舉會成為全國關注的焦點了。

　　台北市市長是中華民國台北市的行政首長，也是台北市政府的最高領導者。該職務最早設置於台灣日治中期的1920年，與台北州轄市同時設置，當時均由官方派任。1945年中華民國國民政府接管台灣後，台北市成為省轄市，市長從1951年起隨著地方自治的實施而改為市民直選，惟當選者多為台灣本省籍的黨外人士。因此台北市在1967年升格為院轄市後，市長改由中央政府派任；惟仍多由本省籍人士出任；至1994年起因修憲，院轄市改制為直轄市，改為市民直選。

　　台北市從日治時期建市時，即作為台灣政治與經濟中心，加上中華民國政府在1949年12月撤守台灣後，台北市又成為中華民國的中央政府所在地，因此台北市市長身為首都的行政首長，故其具有全國性的代表意義，也被認為是通往總統之路的一個重要歷練，歷屆中華民國總統中，李登輝、陳水扁和馬英九皆曾擔任台北市市長。**表16-2**為直轄市時期公民直選台北市長一覽表。

　　從台北市成為中華民國的中央政府所在地的首都以來，受到執政的國民黨與中央政府的關注與資源挹注較之台灣其他縣市更多更大，長期以來台北市長在省轄市時期實施地方自治前三任民選市長有兩任屬國民黨籍，一任為無黨籍人士；實施地方自治後，五任的市長中有二任屬國民黨籍，三任為無黨籍人士。改制為院轄市之後市長改官派，除了第一任市長是由無黨籍原省轄市長改派之外，其餘八位市長都是國民黨籍。

表16-2　直轄市時期公民直選台北市長一覽表

| 歷屆公民直選台北市長一覽表 | | | | | | |
|---|---|---|---|---|---|---|
| 屆次 | 任次 | 姓名 | 黨籍 | 就任時間 | 卸任時間 | 備註 |
| 1 | 10 | 陳水扁 | 民進黨 | 1994年12月25日 | 1998年12月25日 | 民選首任 |
| 2 | 11 | 馬英九 | 國民黨 | 1998年12月25日 | 2002年12月25日 | |
| 3 | 12 | 馬英九 | 國民黨 | 2002年12月25日 | 2006年12月25日 | |
| 4 | 13 | 郝龍斌 | 國民黨 | 2006年12月25日 | 2010年12月25日 | |
| 5 | 14 | 郝龍斌 | 國民黨 | 2010年12月25日 | 2014年12月25日 | |
| 6 | 15 | 柯文哲 | 無黨籍 | 2014年12月25日 | | 現任 |

資料來源：維基百科

　　至1994年起因修憲，院轄市改制為直轄市，市長改為市民直選，這時候台灣政治環境已經起了巨大變化。台灣在解嚴之前已有黨外人士屢屢衝撞體制，並逐漸在各層民意代表選舉中崛起取得部分的席次，也進到體制內與執政黨展開對抗，1986年在猶未解嚴及解除黨禁的時空環境中，各種衝撞國民黨一黨獨大的黨外勢力，結合在一起向世人宣告著台灣本土政黨民主進步黨正式創立。隨著民進黨的成立，台灣民主政治走向了兩黨競爭的新局面，反對黨不再以擔任民意代表為已足，各地方的行政首長已經是兩黨競逐的重心，以台北市居首都地位受重視的程度自然不在話下，所以打直轄市長直接民選一開始，民進黨就從不缺席。

　　雖然台灣各地的政治環境因兩黨競爭而逐漸起了變化，但前曾述及台北市民已經熟悉並接受國民黨的執政，不管是行政首長還是民意代表，國民黨在台北市依然是一枝獨秀的情況，這可從直轄市長直選以來五任市長除第一任陳水扁是因為泛國民黨勢力分裂突圍而出外，其餘四任仍然都是國民黨囊中之物，從選舉結果來看，我們可以看出台北市選民還是傾向接受國民黨的執政。

　　觀察台北市的政治環境，單從選舉結果來看還失之於窄化，我們還可透過各種民調數據及各家分析，再來對照選舉結果，這樣更能深入見到台北市民的政治取向。以2006年台北市第四屆市長選舉為例，TVBS

民調中心做了多次的選舉民調,代表國民黨參選的郝龍斌毫不意外的以53.81%的得票率獲得勝選,結果與歷次民調相去不遠(**表16-3**、**表16-4**)。

**表16-3 TVBS民調中心2006年台北市長選舉歷次民調結果**

|  | 8/16 | 9/1 | 9/28 | 10/17 | 11/1 | 11/11 | 11/20 | 12/3 | 12/5 |
|---|---|---|---|---|---|---|---|---|---|
| 郝龍斌 | 53 | 57 | 53 | 44 | 48 | 49 | 49 | 54 | 52 |
| 謝長廷 | 14 | 15 | 13 | 19 | 19 | 17 | 18 | 20 | 21 |
| 宋楚瑜 | 10 | 8 | 12 | 10 | 9 | 12 | 10 | 9 | 7 |
| 李敖 | - | - | - | 9 | 3 | 4 | 3 | 3 | 3 |
| 柯賜海 | - | - | - | 1 | 1 | 1 | 1 | 2 |
| 周玉蔻 | 2 | 2 | 0.4 | 1 | 0.4 | 1 | 1 | 0.2 | 1 |
| 未決定 | 21 | 19 | 21 | 19 | 20 | 16 | 18 | 13 | 14 |

資料來源:TVBS民調中心(link is external),2006/12/5。

**表16-4 2006年第4屆台北市長選舉結果**

| 號次 | 黨籍 | 姓名 | 得票 | 得票率 | 當選 |
|---|---|---|---|---|---|
| 5 | 中國國民黨 | 郝龍斌 | 692,085 | 53.81% | V |
| 3 | 民主進步黨 | 謝長廷 | 525,869 | 40.89% | |
| 4 | 無黨籍 | 宋楚瑜 | 53,281 | 4.14% | |
| 1 | 無黨籍 | 李敖 | 7,795 | 0.61% | |
| 6 | 無黨籍 | 柯賜海 | 3,687 | 0.29% | |
| 2 | 台灣團結聯盟 | 周玉蔻 | 3,372 | 0.26% | |

資料來源:中央選舉委員會

　　不過民調到底準確度夠不夠?能不能直接的反應實際戰況?還是只是一個提供各方解讀的素材?是不是不同的解讀會有不同面向的分析結果?「全面真君」2014年9月21日在想想論壇的討論表示,由民調結果來看,2006年TVBS民調中心歷次的台北市長民調謝長廷的支持度都在20%左右,並經常落在10%上下,而郝龍斌則穩定的維持在52%左右,對當時的

整合行銷傳播理論與實務

244

選民來說，郝龍斌不但顯然會贏，更是個近乎霸凌的勝局，謝長廷將會受到史無前例的羞辱。但最後的投票結果謝長廷在該次台北市長選戰中得到525,869票，得票率約40.9%，郝龍斌則得到692,085票，得票率約53.8%，謝長廷毫不意外的落敗，但其得票率「成長」至40.9%。回過頭去看TVBS民調的準確性，會發現郝龍斌的民調準確性相當高，9次民調的平均數51%，中位數52%，選舉的得票率53.8%，幾次民調結果跟最後選舉得票率相當接近。但是謝長廷卻與選舉結果有一倍的落差。為什麼？是媒體刻意打壓綠營的民調還是存在民意調查抽樣上的一些盲點或偏誤？

「全面真君」的疑惑確實值得觀察與討論，不過民調在大型選舉中毫無疑問的仍然會是政黨、候選人與各種媒體競相採用的利器。由民調與選舉結果來看，台北市歷來政治取向給人的感覺就是藍（以國民黨為主）大於綠（以民進黨為主）的局面，近來很多的討論也都會談到台北市長選舉是否有所謂「藍綠基本盤」？「全面真君」再從五次台北市長直選所謂泛藍泛綠主要候選人的得票率結果列表來看，綠營候選人於台北市長選舉中得票率最高為1998年陳水扁「拚連任」的45.91%，其餘數次則為43～35%之間，加入選舉狀況、候選人知名度等等因素思考，大抵可以推論綠營於台北市的基本盤為40～45%。而就藍營而言，摒除2002年如鬼神般的馬英九，大抵可以發現基本的得票率為51～55%之間，藍綠於台北市基本盤大抵為55%對45%（**表16-5**）。

**表16-5　台北市長選舉的藍綠基本盤**

| 年度 | 泛藍主要候選人得票 | 泛綠主要候選人得票 |
|---|---|---|
| 1994 | 黃大洲364,618票（25.89%）<br>趙少康424,905票（30.17%） | 陳水扁615,090票（43.67%） |
| 1998 | 馬英九766,377票（51.13%） | 陳水扁688,072票（45.91%） |
| 2002 | 馬英九873,102票（64.11%） | 李應元488,811票（35.89%） |
| 2006 | 郝龍斌692,085票（53.81%）<br>宋楚瑜53,281票（4.14%） | 謝長廷525,869票（40.89%） |
| 2010 | 郝龍斌797,865票（55.65%） | 蘇貞昌628,129票（43.81%） |

資料來源：TVBS民調中心

傳統的藍大綠小的觀察是否還適用在台北市第六任市長選舉上？一般人恐怕還做如是想法，特別是傾向支持泛藍的民眾還偏向這樣的觀察，但事實果真如此？我們從選舉悄然啟動以來輿論風向、民調等等好像又嗅到了不一樣的味道。2014年台北市長選舉一直是媒體爭逐的焦點，候選人的民調一直是各界關注的熱門話題，從民調數據來看，兩位主要候選人一直存在著不小的落差，若不考慮其他因素單由民調數字來看，柯文哲領先連勝文甚多，應該是勝券在握；但若從「看好率」來看，連勝文卻又略勝一籌。這樣的現象是不是顯示了台北市的政治氣氛與環境已有所轉變，而這個眾所矚目的政治板塊已悄然挪移了呢？

## 四、選戰工具

　　面對詭譎錯綜的選舉，柯文哲與連勝文這兩位台北市長主要競爭對手，為求勝選無不卯足全勁努力行銷，以爭取在選民面前大量的曝光度、形象的好感度、話題的討論度與政見的接受度。選舉行銷是門學問也是芸芸眾生的重要課題，能夠吸引選民關注目光才是有效的行銷，這需要借助各種渠道善於運用工具，才有成功的可能，所以進行柯連選舉行銷的探討就不能不聚焦於選戰工具。

　　2014年地方選舉中台北市長選舉最受矚目，所有光譜完全聚攏在台北城，其他地方相形失色。大量觀察家把焦點擺在柯連對壘之上，提出了各種角度的思辯，事中或選後也有相當多篇幅來探討選戰工具與行銷，其中「數位行銷實戰家石子」在選後隔天提出〈行銷絕不等於買廣告：2014年台北市長選舉柯文哲與連勝文之戰的行銷策略〉一文，有許多深刻獨到的觀察與論述值得參考，吾人謹簡要摘引於下。

## (一)小米機開先例，台北市長之爭打開政治選舉運用相同策略的創舉

　　小米手機近期於大陸市場將各大廠商擠下銷售榜，讓全世界大品牌驚奇的並不是小米手機的成功，而是小米不花傳統廣告預算的行銷策略。小米完全靠口碑與社群行銷透過網路（互聯網）擄獲消費者，捨棄花大錢做電視廣告、新聞雜誌廣告、大型實體看板與公車廣告的行銷手法讓所有人都跌破眼鏡。各大廠牌花費上百億在打的市場，竟有公司能夠打破傳統方式在極短的時間內催毀，使得整個世界蜂擁研究小米的成功祕密。在大家研究的路途上，本次2014年台北市長選舉已經有人實踐成功，柯文哲與連勝文的對戰，是一場數位社群行銷vs.傳統360度行銷的大戰。

## (二)數位社群行銷vs.傳統360度行銷的大戰

　　傳統360度行銷，講求把目標消費族群的所有接觸點滿足，舉凡眼睛所見（戶外看板）、耳朵所聞（電台廣告）、手指所觸（產品體驗會），全部囊括。因此專注在「破壞式注意力」上，也就是當你走在路上，忽然塞一個廣告宣傳單；在排隊時，忽然在你抬頭塞一個大看板；或在看電視時忽然塞入一段廣告打斷你的興致。2000年以前，廣告的目標大致上是將產品訊息推播給目標消費族群，屬於「單向式的溝通」，但在網路時代崛起以後，網路不受時空間限制的特性改變了人類的行為模式，廠商也忽然有了能用相對較低成本進行雙向溝通的資訊平台出現。

　　選舉跟商品行銷完全相同，差別只是推銷的是「候選人」這個商品，第一步都是把候選人的名字印在消費者（選民）意識中，與推廣品牌一樣；第二步是要設法將產品好處、與其他競品優勢、功能效能（政見），植入選民的腦海，使之在最後購買（投票）的當下，能夠挑選自己陣營的產品。

圖16-1是本次柯文哲與連勝文團隊運用的不同行銷工具示意圖。

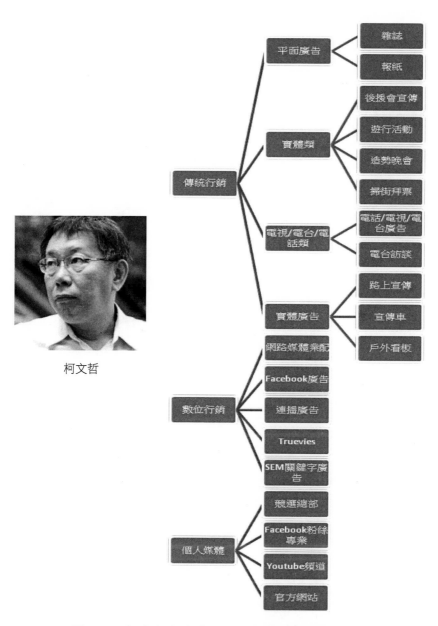

柯文哲

**圖16-1　柯文哲與連勝文團隊運用的不同行銷工具示意**

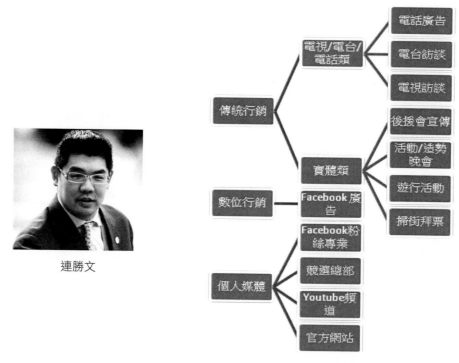

連勝文

**（續）圖16-1　柯文哲與連勝文團隊運用的不同行銷工具示意**

　　從上圖可看出兩者的差異點，柯文哲（柯P）陣營在投票倒數兩週前，幾乎完全捨棄了傳統形式的行銷工具。另一邊的連勝文陣營則是將主力放在傳統的選舉工具上，例如：宣傳車、造勢晚會／後援會、戶外大型看板、電台、平面媒體（報紙／雜誌）、電視廣告。

　　台北市具有投票權的20歲以上人口也就是實際的消費者「投票者」數，大約是160萬（以投票率70％來算），而本次連勝文與柯文哲的行銷策略可用專注網路族（柯P）與專注普羅大眾（連勝文）來分開看。網路族大致上由20～40歲的族群為主力，因此，柯文哲大部分的行銷溝通力道將大大的在40歲以上族群逐見消散。在網路族中，柯文哲的選舉力道因為Facebook粉絲頁的高參與度而相對強大，幾乎是連勝文陣營的數倍，也幾

乎囊括了20～40歲族群的所有人口範疇。雙方在YouTube上的內容項目與觸及數差不多。連勝文陣營由於採用傳統的360度行銷模式，集中的力道較弱，但觸及的廣度較為深遠，因此，幾乎雨露均沾的覆蓋到各個年齡層及投票者。而仔細探討，就會發現除了電視與報紙上輸了觸及中壯—老年人口，柯文哲陣營專注在溝通效果強的項目，即是能產生較具衝擊的記憶的行銷項目。

## (三)被遺忘的社群互動經營

雙方此次在網路社群平台上最大的缺漏，就是並無真的跟粉絲／支持者互動，偶爾可以看到連勝文粉絲頁或柯文哲的粉絲頁小編出來回覆一些留言，但坦白說頻率還是很低。當然留言數每日都超過數百筆，不可能每一筆都回覆，但社群平台的威力除了分享容易、粉絲／支持者留言快速，另一個最大的強項即是互動。

同時，社群平台能見度高，永遠存在，公開透明，更能省去斷章取義式的錯誤傳遞，並且更能有效炒熱社群上的熱度。

另一個雙方候選人放棄的戰場就是PTT社群（連勝文陣營有試圖幫連勝文本人申請帳號，但似乎在網軍事件後就沒有後續），要是候選人本人上PTT出沒，偶爾留下風趣的推文／噓文／發文，都很能夠激發鄉民熱度。這次雙方陣營都讓PTT自由發酵，似乎是可惜了點。

## (四)外圍游擊戰的大功臣——口碑行銷

口碑行銷自古以來就存在，而對企業來說，口碑行銷的核心目標永遠只有一個「Influencing Influencers」（影響具有影響力者），在沒有網路時代之前，影響力者只有社會名流與周邊親近人士兩種人。在網路時代到來後，透過了社群、部落格與論壇平台的力量，孵化出另外兩種具有影

響力的族群，也就是網路明星以及網路鄉民。

　　這次在兩大陣營彼此的行銷攻略以外，造成最大影響者就是外圍的這些具備影響力的網路居民，居民們自發性產出文字、圖像、影片的各式數位內容，成為帶動候選人在網路上口碑的主力部隊。

　　網路口碑影響力者的六大類別：

1. 職業達人FB：FB上的影響力者，莫過於各行職中的職人／達人，例如廚師、美食家、專業背包客等。而政治屬性的評論家中，本次最亮眼的就屬於如呂秋遠，以及器官案後出現的許多醫生FB。由於FB容易分享的屬性，讓此種類型的達人FB擴散度相當廣。

2. 部落客：部落格本身具有相當大的影響力，適合大篇幅的文章內容，用來溝通深入的議題很好用，而本次人渣文本大大的文章就具有很大的衝擊。

3. 網路插畫家：現在網路上的插畫蔚為潮流，有網路插畫家甚就擁有超過百萬的忠實粉絲，而此次協助柯文哲陣營最落力的就屬葉小星、連勝丼、翻白眼吧！溫蒂妮小姐、大力的腰瘦世界、天龍無間系列等等。此種數位內容具有高度的渲染力，由於畫面簡單、逗趣，往往一幅圖就能在短時間產生數十萬個觸及，是口碑行銷領域中的強大武器之一。

4. 外圍粉絲團：圍繞候選人的粉絲團，有許多支持者自我發起的，或有協辦組織發起的粉絲團，都是協助推廣品牌的大推手。

5. YouTube惡搞神人：最經典的案例即是雙方陣營徵求競選歌曲的比賽，而近期連勝文陣營的廣告被網路神人快速惡搞的影片即是網路上口碑散播力量的極致展現。

6. 圖片惡搞神人：而各式各樣自發式的圖片類惡搞更是多如牛毛，瘋狂的在社群平台上傳播，在在展現出網路口碑效應的威力。

## (五)破壞式創新──公關PR技巧

通常大品牌都有公關部門，也早已經跟電視、數位、報章、雜誌等媒體單位有合作，但小品牌或創業者很難擁有此種資源，特別是品牌經營路途上，公關媒體關係往往是透過長期經營日積月累下的成果，甚至內涵錯綜複雜的廣告利益（或投資）關係。

連勝文陣營握有國民黨長期經營下的媒體資源，這方面較不需要擔心，反倒是柯文哲陣營在一開始4月、5月、6月的初期階段必須儘快成為媒體的關注焦點，通常利用負面方式炒作新聞就是一種策略，例如叫囂、放話、批判，但柯陣營此次反而利用「素人參政」的招牌，充分利用新創團隊的優勢，不斷放出各式創新的議題，造就柯文哲初期、中期、甚至後期的媒體效應，例如：設計比稿，全部給比稿費；公開選舉經費，標榜史上第一次；當選前即公開行政團隊，標榜史上第一次；公開歷年財務與報稅資料，標榜史上第一次；不設旗幟、不辦造勢晚會，標榜史上第一次；要求一級部門長官退出政黨身分；公開監聽案的簡訊內容；圖文並茂的市政白皮書網路下載。

上述多項破壞式創新的作為，給予各大媒體都能發揮的新聞議題，而連勝文陣營本次並未出現創新的動作，但由於黨團本身多年來的媒體經營，仍是占據相當多版面，也幾乎每日都有新聞露出，持續保持行銷上的曝光

## 五、民調

民調──在商業行銷的領域就是市場調查，其藉由蒐集民意的工具，如電話、網路等細心徵詢所有問卷調查資料，輸入統計軟體分析，加以解析數據代表的意義。在政治的民調上，做法不僅徵詢選民意見，和其

關注議題,重複統計分析,更為解析數據,代表的勝選意義尤其不凡。

　　台灣近幾次總統與地方首長大選,普受選民關注,候選人、政黨、平面媒體、電視媒體與專業研究機構更聚焦在選情變化之上,經常定期推出選舉民調盡情分析。2014年台北市長選舉有如總統大選般受到矚目,各類民調與選情分析此起彼落紛紛出籠,頗讓選民看花了眼。歷次大選民調與預測分析頗受多數選民認定的未來交易事務所預測實驗室,在此次大選也沒缺席,除了本身所做的幾次民調之外,更將其他單位發布的民調統整出來,一份是選舉中的主要民調,另一份是選舉前10天重要資料整理,從這些統整主要民調的數據,比較選舉結果,勝選似乎就在民調的數據中了。

## (一)選舉中的主要民調

表16-6　2014年選舉中的主要民調

| | | | 2014台北市長可能當選候選人民調一覽表 | | | 2014/10/21 |
|---|---|---|---|---|---|---|
| | 日期 | 有效樣本 | 調查單位 | 連勝文 | 柯文哲 | 來源連結 |
| 1 | 102年7月15～17日 | 1089 | TVBS | 40.0% | 37.0% | 註1 |
| 2 | 102年9月25～26日 | 1049 | TVBS | 42.0% | 32.0% | 註2 |
| 3 | 102年9月25日 | 763 | 蘋果日報 | 31.7% | 17.0% | 註3 |
| 4 | 102年11月22日 | 810 | 趨勢民調 | 33.50% | 39.10% | 註4 |
| 5 | 102年12月1～2日 | 952 | 台灣指標 | 51.10% | 38.30% | 註5 |
| 6 | 102年12月11～13日 | 1101 | 蘋果日報 | 23.77% | 35.65% | 註6 |
| 7 | 102年12月17日 | 824 | 艾普羅 | 31.00% | 26.00% | 註7 |
| 8 | 102年12月16～19日 | 1023 | 聯合報 | 41.00% | 38.00% | 註8 |
| 9 | 102年12月26～30日 | 1025 | TVBS | 44.00% | 47.00% | 註9 |
| 10 | 103年1月27日 | 766 | 艾普羅 | 31.00% | 33.00% | 註10 |
| 11 | 103年2月6～7日 | 1152 | 蘋果日報 | 30.72% | 38.90% | 註11 |
| 12 | 103年2月24日 | 911 | 聯合報 | 45.00% | 39.00% | 註12 |
| 13 | 103年2月24日 | 959 | TVBS | 41.00% | 37.00% | 註13 |
| 14 | 103年2月24日 | 822 | 蘋果日報 | 41.41% | 41.17% | 註14 |
| 15 | 103年3月3～5日 | 1112 | TVBS | 43.00% | 42.00% | 註15 |

（續）表16-6　2014年選舉中的主要民調

| | | | | | 2014/10/21 | |
|---|---|---|---|---|---|---|
| | | 2014台北市長可能當選候選人民調一覽表 | | | | |
| | 日期 | 有效樣本 | 調查單位 | 連勝文 | 柯文哲 | 來源連結 |
| 16 | 103年3月3～5日 | 1195 | 蘋果日報 | 39.41% | 42.10% | 註16 |
| 17 | 103年4月11日 | N/A | 旺旺中時 | 32.50% | 34.30% | 註17 |
| 18 | 103年4月17日 | 1140 | 蘋果日報 | 48.76% | 36.00% | 註18 |
| 19 | 2014年4月17日 | 352 | 蘋果日報 | 50.00% | 35.51% | 註18-1 |
| 20 | 2014年4月22日 | 807 | TVBS | 47.00% | 38.00% | 註18-2 |
| 21 | 2014年5月5日 | 716 | 旺旺中時 | 33.40% | 36.30% | 註19 |
| 22 | 2014年5月29日 | N/A | 台灣指標 | 40.10% | 41.40% | 註20 |
| 23 | 2014年6月6日 | 867 | TVBS | 39.00% | 45.00% | 註21 |
| 24 | 2014年6月7日 | N/A | 蘋果日報 | 36.73% | 47.35% | 註22 |
| 25 | 2014年6月12日 | N/A | 民進黨初選 | 28.00% | 43.00% | 註23 |
| 26 | 2014年6月13日 | 1008 | 聯合報 | 34.00% | 34.00% | 註24 |
| 27 | 2014年6月13日 | 629 | 蘋果日報 | 24.72% | 51.36% | 註25 |
| 28 | 2014年6月13日 | 1073 | 趨勢 | 24.10% | 41.80% | 註26 |
| 29 | 2014年6月23日 | 946 | TVBS | 29.00% | 43.00% | 註27 |
| 30 | 2014年6月30日 | N/A | 旺旺中時 | 24.40% | 31.00% | 註28 |
| 31 | 2014年7月2日 | 1055 | 自由時報 | 23.83% | 43.69% | 註29 |
| 32 | 2014年7月11日 | 1164 | 蘋果日報 | 32.82% | 44.33% | 註30 |
| 33 | 2014年7月12日 | N/A | 國民黨 | 38.00% | 42.00% | 註31 |
| 34 | 2014年7月15日 | 879 | 艾普羅 | 30.90% | 38.60% | 註32 |
| 35 | 2014年7月29日 | 1083 | 國民黨 | 33.47% | 29.78% | 註32-1 |
| 36 | 2014年7月31日 | 1188 | 蘋果日報 | 32.41% | 45.88% | 註33 |
| 37 | 2014年8月5日 | 1062 | 自由時報 | 23.32% | 42.98% | 註34 |
| 38 | 2014年8月8日 | 711 | 旺旺中時 | 30.10% | 39.50% | 註35 |
| 39 | 2014年8月20日 | 1047 | TVBS | 33.00% | 44.00% | 註36 |
| 40 | 2014年8月22日 | 1074 | 三立民調 | 27.70% | 41.10% | 註37 |
| 41 | 2014年8月23日 | N/A | 艾普羅 | 27.30% | 33.40% | 註41 |
| 42 | 2014年9月1日 | N/A | 艾普羅 | 37.20% | 45.10% | 註42 |
| 43 | 2014年9月1日 | N/A | 柯內部民調 | 31.00% | 42.00% | 註42-1 |
| 44 | 2014年9月8日 | 1134 | 蘋果日報 | 37.13% | 44.18% | 註43 |
| 45 | 2014年9月15日 | 1084 | 三立民調 | 25.00% | 42.80% | 註44 |
| 46 | 2014年9月16日 | 1079 | 艾普羅 | 30.90% | 35.00% | 註45 |

254

（續）表16-6　2014年選舉中的主要民調

| | | | 2014台北市長可能當選候選人民調一覽表 | | | | 2014/10/21 |
|---|---|---|---|---|---|---|---|
| | 日期 | 有效樣本 | 調查單位 | 連勝文 | 柯文哲 | 來源連結 |
| 47 | 2014年9月16日 | 1079 | 壹電視民調 | 28.80% | 40.20% | 註46 |
| 48 | 2014年9月18日 | 1107 | TVBS | 33.00% | 45.00% | 註47 |
| 49 | 2014年9月20日 | 1068 | 世新大學 | 24.80% | 33.90% | 註48 |
| 50 | 2014年9月25日 | N/A | 柯內部民調 | 32.00% | 42.00% | 註49 |
| 51 | 2014年9月29日 | 700 | 旺旺中時 | 35.00% | 43.00% | 註51 |
| 52 | 2014年10月4日 | N/A | 柯內部民調 | 31.20% | 44.40% | 註52 |
| 53 | 2014年10月6日 | 1070 | 三立民調 | 28.00% | 46.60% | 註53 |
| 54 | 2014年10月7日 | 1056 | 自由時報 | 24.63% | 41.61% | 註54 |
| 55 | 2014年10月8日 | 950 | 台灣指標 | 24.40% | 33.80% | 註55 |
| 56 | 2014年10月9日 | 1068 | 趨勢民調 | 28.20% | 40.90% | 註56 |
| 57 | 2014年10月16日 | N/A | 柯內部民調 | 33.00% | 46.00% | 註57 |
| 58 | 2014年10月21日 | 1068 | 聯合報 | 29.00% | 42.00% | 註58 |
| 59 | 2014年10月21日 | 1068 | 趨勢民調 | 34.00% | 38.40% | 註59 |
| 60 | 2014年10月23日 | 1219 | TVBS | 32.00% | 47.00% | 註60 |
| 61 | 2014年10月27日 | N/A | 中國時報 | 29.00% | 38.30% | 註61 |
| 62 | 2014年10月27日 | 708 | 旺旺中時 | 32.30% | 43.60% | 註62 |
| 63 | 2014年10月28日 | 1051 | 自由時報 | 24.85% | 44.38% | 註63 |
| 64 | 2014年11月7日 | 810 | 聯合報 | 29.00% | 40.00% | 註64 |
| 65 | 2014年11月8日 | 826 | TVBS | 32.00% | 45.00% | 註65 |
| 66 | 2014年11月8日 | 534 | 蘋果日報 | 33.15% | 55.68% | 註66 |
| 67 | 2014年11月8日 | 708 | 中國時報 | 30.20% | 46.90% | 註67 |
| 68 | 2014年11月8日 | 832 | 三立民調 | 29.00% | 46.60% | 註68 |
| 69 | 2014年11月14日 | 1145 | 壹電視民調 | 26.70% | 44.90% | 註69 |
| 70 | 2014年11月15日 | 1030 | 自由時報 | 25.66% | 44.27% | 註70 |
| 71 | 2014年11月17日 | 1151 | 聯合報 | 28.00% | 42.00% | 註71 |
| 72 | 2014年11月17日 | 1111 | 世新大學 | 28.60% | 40.10% | 註72 |
| 73 | 2014年11月8日 | 806 | 三立民調 | 30.00% | 43.00% | 註73 |
| 民調累積人數大於：58618人 | | | 平均值百分比 | 44.73% | 55.27% | |
| 加權累計值42.32% | | | 加權累計值 | 42.32% | 57.68% | |
| 連勝文依趨近值加權55.00% | | | 連勝文→ | 45.25% | 54.75% | ←柯文哲 |
| 本站加權方式：1.離投票越近加權值越大 2.未表態部分依「歷年得票基本盤」加權 | | | | | | |

資料來源：無情真實的未來事件。

## (二)選前10天重要資料整理

表16-7　選前10天重要資料整理

| 2014台北市市長　當選人預測　選前10天重要資料整理　　更新：2014年11月18日 | | | | | | | | |
|---|---|---|---|---|---|---|---|---|
| 候選人 | 本站得票比預測值 | 貝氏定理檢驗值 | 所有民調平均值 | 本站民調加權累計 | TVBS民調2014均值 | 預測市場得票比 | FB與Google平均值 | 預測市場當選機率 | PTT八卦版賭盤 |
| 7柯文哲 | 54.21% | 52.7% | 55.3% | 57.7% | 54.0% | 54.1% | 59.4% | 78.9% | 85.6% |
| 6連勝文 | 45.79% | 47.3% | 44.7% | 42.3% | 46.0% | 45.9% | 40.6% | 21.1% | 14.4% |
| 結果誤差% | -4.12% | ✕ | -3.07% | -0.65% | -4.35% | -4.28% | 1.05% | ✕ | ✕ |

*非專業分析，純屬實驗性質，相關數據經過百分化計算，資料僅供參考！

資料來源：無情真實的未來事件

　　除上述幾個主要民調外，時下的雲端運用和行動網路方興未艾日漸普及，在商業市場預測中具有相當準確性的Google Trends（Google搜尋趨勢預測），有過預測電影票房精準度在90%以上的佳績，雖然在2012總統大選預測與結果有些差距，但本次選戰就連柯二人與媒體人氣互動所做選舉預測，仍具相當的參考值（**表16-8**）。

　　此外，選舉賭盤也是種另類的民調，其結果在選舉實務上對於選舉也具有致命的影響。選舉賭盤經營者對於選舉結果有著驚人的預測能力，公開的賭盤相對也會影響選戰的結果，所以針對選舉的觀察，賭盤預測數據也有參考價值。

表16-8　連勝文與柯文哲的熱門度變化

| Google搜尋趨勢與媒體人氣——熱門度變化 | | | | |
|---|---|---|---|---|
| | 連勝文 | | 柯文哲 | |
| 日期 | Google trends | 媒體人氣 | Google trends | 媒體人氣 |
| 2014/6/1 | 44.0% | 46.0% | 56.0% | 54.0% |
| 2014/6/24 | 41.8% | | 58.2% | |
| 2014/7/1 | 39.1% | 45.9% | 60.9% | 54.1% |
| 2014/7/24 | 47.5% | | 52.5% | |
| 2014/8/1 | 47.5% | 45.5% | 52.5% | 54.5% |
| 2014/8/18 | 51.5% | | 48.5% | |
| 2014/9/1 | 51.3% | 49.4% | 48.7% | 50.6% |
| 2014/9/18 | 55.8% | | 44.2% | |
| 2014/10/1 | 58.1% | 44.6% | 41.9% | 55.4% |
| 2014/10/16 | 53.0% | 48.4% | 47.0% | 51.6% |
| 2014/11/2 | 55.7% | 52.1% | 44.3% | 47.9% |
| | | | | |
| 平均值 | 48.9% | | 51.1% | |

資料來源：無情真實的未來事件

## 六、競選公關公司

　　眾所周知，西方政黨競選活動，多年來仰仗諸多選舉經理人和公關公司運作選戰的方式，逐漸進入台灣競選市場；藉著競選公關公司執行競選行銷策略，譬如說：候選人形象包裝、選戰節奏步調運作、公關活動策劃執行、廣告製作託播、網站經營、創造親民話題、民意調查預測等等，在台灣較為人熟知的，例如威肯公關公司，在西方卡西迪公關公司也享有盛名。

　　事實上，在台灣競爭較少的鄉間選舉亦不乏「選舉販子」的個人工作坊進行統包式的競選公關活動，如文宣品製作懸掛、造勢活動的策

劃、甚至「樁腳」的利益分配等，通常在基層選舉和初次參選者的環境中，較容易接受選舉販子的訴求。

公關公司的運作避免素人參政的疏離感，也增加選舉的熱度，人們在台灣多次選戰的激烈交鋒中被教育成為嗜血嗜激情對立的特性，愈來愈多的公關作為，也好似無法滿足台灣選舉的無底激情。

## 七、國民黨分析敗選原因

2014年台灣地方九合一大選國民黨慘敗收場，隨後一片檢討聲浪紛至沓來，國民黨中央討論的檢討報告，列舉包括選民以選票來表示對國民黨執政的不滿、無法獲得多數青年人認同並忽視了青年與網路動員力量、未能有效整合網路與實體力量、首都選戰影響外溢擴及其他縣市、站在部分公民議題團體對立面影響本黨議題掌握回應，及忽略選戰議題走向未能即時調整選戰策略等六大敗選原因。另外，各地方的檢討也共同認為慘輸非單一事件所造成，除了中央執政大環境不佳，媒體不友善、網軍造謠抹黑等推波助瀾下，是導致國民黨大敗的關鍵因素。

台北市黨部主委鍾則良認為，媒體氛圍對國民黨不公平，以食安風暴為例，國民黨勇於承擔、面對問題，本來應該是政績之一，媒體卻一面倒批評政府，反觀真正發生問題的屏東、高雄和台南等綠營執政地方政府，卻不用負責，「全世界有看到這樣一路唱衰自己政府的媒體嗎？」

對於網軍議題，鍾則良分析，網路不顧事實、栽贓抹黑，將國民黨羞辱一無是處，未來將加強網路防守，把傷害降到最低。他舉例，陳水扁執政八年的經濟成長率平均為4.4%，是亞洲四小龍最後一名，馬英九執政六年經濟成長率約為3%，排名四小龍第二，僅次於新加坡，馬政績不錯，卻被說得很不堪。

媒體對於候選人的關注度也有很大的差異，台南市黨部主委謝龍介

就指出，柯文哲和黃秀霜都是政治素人，媒體關注度焦點集中在柯文哲身上，他感嘆道如果媒體對黃的興趣和追蹤熱度「有柯文哲的三成就好了」。他另再分析說支持者已熱情不再，網路上寫國民黨好的文章，媒體不討論，擴大國民黨扣分基礎，媒體利用人民對中央施政不滿的宣洩，加深傷痕，造成國民黨大敗。

其實，選戰過程中國民黨中央也曾找來網路公司，利用大量的數據來探究輿論風向，可惜努力也僅止於此，卻未能根據分析所得適時調整文宣與組織作為，選戰還停留在傳統模式，相較於柯文哲陣營善用大量數據來調整文宣策略，兩者已高下立判。

一位落選者沉痛指出，政府施政不力、黨中央沒有整體選戰策略、地方不夠團結等，是敗選的三大原因。又，這次選戰台北市長是焦點中的焦點，但連勝文陣營卻打得荒腔走板，連串的混蛋說、皇民化等挑動族群意識的仇恨言論，更是拖垮了其他地方選情。其次，彰化、嘉義市等會落敗，都是「交棒的人不甘心交棒」，地方不夠團結，要交棒者不是為了延續政權，而是為了自己的政治利益，不斷在私下扯後腿、反輔選，導致選情雪上加霜。

## 八、未來選戰傳播工具

充滿喧囂與激情的選戰，終於在11月27日亢奮的當選宣示與落寞的落選淚痕中宣告結束，結果已經非常清楚了，政治素人柯文哲打了一場非常漂亮的非典型選戰。許多觀察家都說，這次是網軍或者所謂的鍵盤世代改變了這場選戰，網路數位工具在柯文哲的市長選戰中，確實占有重要的位置，相對的一些觀察也談到了國民黨是輸在沒有網軍，日後應要加強布署。

事實是不是真如觀察家們所言，問題在於網軍？其實我們回顧一下

近期的大選，早在2012總統大選中，數位工具比如Facebook、LINE、YouTube等社群工具已經出現在選戰中並被廣泛使用了，所以這兩次大選使用的工具事實上差距不大。但為何這次柯文哲陣營會被認為贏在數位工具的運用？重點就在於運用的成熟度與執行力。

　　同樣的工具，一樣是開放的平台，為什麼柯文哲陣營可以運用得很道地很澈底？為什麼他就能得到讚賞與共鳴？再來看看連勝文，他在數位平台上露出的訊息也不少，為何沒有得到選民的垂青與粉絲們的讚賞，反倒負面傳播一直對他造成傷害？探究原因，吾人認為連陣營仍然偏重於傳統典型的媒體思維，還是習慣由上到下的單向思考，這在以網路為核心的點對點的分散式傳播形式，只要稍一偏差整體系統就會癱瘓失靈。再來就是經營數位平台吸引粉絲們的青睞，重要的是要先能確定你想要溝通的對象是誰，想要傳達而又能引起共鳴的價值是什麼，還有就是能不能帶起與粉絲間有共同情感的連結，能注意到這些因素，絕對比單一的傳發訊息與一味的推銷來得更讓粉絲們感動與接受。這當中，明確的價值理念更是重中之重。

　　柯文哲其實很白目也心直口快，他很多地方的言談比如對女性的言論，還有或多或少透露出專業精英不自覺的驕氣，其實都不算得體，但為什麼會打動選民的心？打從選戰一路走來，選民看到他認真讀書成為一位名醫，從言談笨拙還帶點白目卻努力進化學習政治領域知識，更違反傳統選舉打法將所有資訊公開，堅持落實不插旗、不跑宣傳車、政治獻金夠用就不再多收，凡此等等都傳達出他真誠、努力、不斷學習進化的價值理念，這對於追求讓自己跟社會變好的中產階級選民而言，具有十足的吸引力。所以明確的價值理念，搭配社群工具將會是未來選戰的中道力量與利器。

# 🄘 九、結論

　　政治行銷的演進，也就是行銷理論演化的結果，從4P就是以產品為導向的行銷談論到4C以顧客為導向的行銷，進而講求和顧客的共鳴，談到了4個V，一直到行銷的概念進入到更多傳播工具的IMC，就是整合行銷傳播在在都應用於政治行銷之中，行銷的模式既然和政治行銷沒有太多實際上的分別，只是在意念之中做些改變，如何讓政治行銷之中，政黨的決策者或者是參選人以務實貼近於消費者端，也就是選民的心態來看待這樣的傳播工具，在以下的個案討論，尋求更好的行銷模式來適應瞬息萬變的政治環境，以2014年台北市市長選戰的基礎之中，可以為未來更多的政治行銷立下註解。政治理念或者是包裝政治人物的行銷策略，有專家和學者認為和商業行銷的做法相同；正面的說來學理上雖然相通，可是在不同的生產線也就是政黨或者是候選人，也有不一樣的競爭者，譬如說在商場中可能有分歧的、多元的競爭，雖然幾乎是不一樣的理解程度，但是對於選民最終的抉擇，和政黨決策過程之中所做的策略分析，和人際的關係及選擇傳播的工具道理還是相同的。

　　實務面上有人主張政治行銷和一般的商業行銷有截然不同的理論基礎，尤其在商業廣告或者是商業的行銷很少看到是攻擊的、漫無天際的詆毀執政者，為反對而反對的行銷策略。進一步的探討在當下的政治環境，政黨只有闡述政見的事實而無法發表譁眾取寵的政策意謂過於平凡的展現政治的廣告，也不一定獲得選民的青睞，例如政治的置入性行銷。在過往前置媒體管控媒體的年代之中，一樣存在著異議的分歧，可是在當下影響更多的是傳播工具，我們可以看到某一些政治的勢力長期的左右了我們新聞媒體或者是電子媒體，台灣電子媒體和新聞媒體的廣度和深度，在當下在世界上可以說是領先的，甚至可以說是獨一無二的，這是新聞媒體自由化，還是新聞媒體的獨占，至今尚無定論；不過超越在世上甚至超越

在過去，這是我們所共識的。我們不能夠把資本主義的生產、消費加入到民主政治的運作，但是商業市場的競爭和使用的行銷工具其實這不是商品行銷能夠相提並論，從更多的意識形態去談論政治的時候，其實很多的行銷策略並沒有具有太多的意義，譬如本土文化的政治行銷相信者，所謂的「信者恆信；不信者恆不信」。

選舉和政治的傳播很多人運用的是相等的符號，在台北市長選戰之中其實得到的是一種反政府，投入的越多的資源，是不是就代表著一定的回收，也沒有人可以下令論斷，反而是在傳播工具使用當中選擇更多和時代潮流配合的被時代所接受的工具來得更為有效，譬如說一個資料，一個大數據這樣的一個意念，或者是往我們網路上的作為我們客觀的理解它叫「網軍」在網站當中在粉絲在新世代所使用的存活工具，是粉絲的FB臉書種種的作為，網路的媒體在關鍵字的搜尋甚至在YouTube的頻道我們都可以看到與時俱進的行銷策略，對於人口逐漸老化的世代當中是不是就會存在著錯誤的估算，即使年輕世代的溝通也正是政治行銷區塊最欠缺的東西，這個部分請容專家學者斟酌後再詳細討論。

網路時代來臨之後，透過了鄉民也就是論壇平台和部落客、社群網站，造就了很多的網路明星，政治行銷包裝參選人物是不是需要更多的網路運用，我們當然值得探討，國民的力量也逐漸的產生，年輕世代溝通的管道當然也就加深了所謂新時代的經營，但是在公共關係的領域當中卻又遭遇到更多惡搞或者是探討才可以有所領悟新的行銷方向，好的政治行銷絕對不只是買廣告，也就是行銷絕不是買東西，我們包裝一個候選人在極短的時間，其實花再多的錢都沒有辦法讓我們的選民去肯定政黨的候選人，也就是以候選人的本質和外界的大環境結合激發出來更多數位行銷的意念，在急速的衝擊之中，能夠讓選民堅定他對於政黨的支持，甚至是下一次選舉的支持，在上述的行銷知覺當中，也就是品牌的忠誠度，甚至是顧客再購的意願，我們深知行銷的作為是廣泛的，行銷的策略是具有彈性的，那麼重新檢視一下IMC應用在行銷，政治行銷當中就格外意義了，也

格外具有世代的意義。

　　概括說來，政治行銷的核心價值就是用更多的政治語言去解釋從製造者端一直到消費者端為止；也就是從政黨一直到選民，讓選民肯定的這所有行為的過程我們就稱其為政治行銷。無論是選民對於政治環境的認知，對於政黨的肯定或者是對於政黨所包裝的候選人這樣的產品是不是能夠接受，候選人與選民的距離，或是與選民的互動都融入在整體所謂政治行銷的利潤之中，亦即勝選的結果。政治行銷運用更多的IMC也就是整合行銷傳播的意念，舉例：公共關係、廣告，甚至是他的個人的識別系統政黨識別的形象，也就是企業的形象，藉諸於更多的活動，譬如在關係管理中的網軍、在網路的經營，從平面的媒體到電子媒體的經營，這在在都顯示著現代的政治行銷和傳播的工具脫離不了密切的關係，也就是政治行銷在商業行銷的本質外更為需要和整合行銷傳播的意念做結合，準確的說IMC應用在政治行銷之中是無可取代的。

# 參考文獻

## 一、中文部分

〈2012管理大未來〉。《管理雜誌》，第451期，2012年1月號。哈佛企業管理顧問公司出版。

王沛泳（2001）。《球迷參與行為及參與滿意度之影響因素——統一獅實證研究》。國立成功大學企業管理研究所碩士論文。

王秀齡（2007）。《航空客運業資源與競爭優勢價值之轉變——以中華航空公司為例》。國立中山大學企業管理學系碩士論文。

王秋傑、林照芬（2014）。《高雄IKEA體驗行銷策略分析》。文化創意產業研究所教師研究論文。

王新新、王李美玲（2010）。〈基於品牌文化視角之品牌行銷策略探討——以蘋果公司APPLE INC.為例〉。《中小企業發展季刊》，第18期，頁159-182。

王慶堂、林房價、黃永助（2009）。〈台灣運動行銷產業現況與策略之分析〉。《休閒事業研究》，7，85-98。

王曉晴（2009）。〈樸實「全聯先生」打造超市第一品牌〉。《Cheers快樂工作人雜誌》，103，20-27。

王鏑、洪敏莉譯（2000）。Larry Percy著。《整合行銷傳播策略》。台北：遠流文化。

朱敏慎、蔡月蜜（1998）。《商業概論》。台北：啟芳出版社。

朱曉玉（2005）。《我國獨立選民投票行為之研究：二年與二四年總統選舉之分析與比較》。銘傳大學公共事務學研究所在職專班碩士論文。

江致利（2006）。《國內旅遊休閒服務業行銷策略之研究——以統一健康世界個案為例》。世新大學公共關係暨廣告學研究所碩士論文。

池維竣（2008）。《低成本航空服務品質、顧客滿意度及忠誠之關係研究》。中華大學運輸科技與物流管理所碩士論文。

何佳芬（2001）。《整合行銷模式應用於顧客關係管理之研究》。實踐大學企業管理研究所碩士論文。

吳怡國、錢大慧、林建宏譯（1999）。Schultz、Tannen Baum與Lauterborn著。

《整合行銷傳播：21世紀企業決勝關鍵》。台北：滾石文化。

吳淑女（1995）。〈淺談慶典觀光與推展觀光之道〉。《交通建設》，42(9)，2-9。

李雅文（2006）。《「我們是西螺」一齣集體記憶爭奪的戲碼——對西螺大橋觀光文化節慶的探討》。南華大學教育社會學研究所碩士論文。

林佑群、雷立芬（2012）。〈中小企業促銷效果、廣告效果與顧客忠誠度關係之研究——以全聯福利中心為例〉。《中小企業發展季刊》，第23期，頁137-152。

林茂仁（2008）。《便利商店議題性贈品促銷活動對營業額影響之研究》。國立台灣科技大學企業管理研究所碩士論文。

林振查（2010）。《金門迎城隍：浯島城隍》。金門縣政府。

施佩君（2015）。《第三方支付平台發展及戰略創新研究》。國立中山大學財務管理學系碩士論文。

洪聖惠（2002）。《整合行銷傳播在候選人網站之運用——以2000年總統大選陳水扁總統競選網站為例》。中國文化大學新聞研究所碩士論文。

徐丹桂、吳麗皙、吳能惠（2013）。〈連鎖咖啡店消費者之消費決策因素研究——以星巴克為例〉。《商學學報》，第21期，頁53-76。

祝鳳岡（1996）。〈整合行銷傳播之應用：觀念與問題〉。《傳播研究簡訊》，6，6-8。

屠如驥、葉伯平、王炳炎（1999）。《觀光心理學概論》。台北：百通。

張一彬（1998）。《候選人評價與選民投票行為：台灣1996總統大選之研究》。東吳大學政治學研究所碩士論文。

張永誠（1991）。《事件行銷100：造勢成功的100個EVENNT》。台北：遠流。

張延勤（2008）。《整合行銷傳播與置入性行銷於台灣國際蘭展個案研究》。國立中山大學傳播管理研究所碩士論文。

張美慧（2012）。《政治行銷》。新北市：揚智文化。

張惠玲（2004）。《台灣中小企業關鍵成功因素之研究》。國立雲林科技大學企業管理研究所碩士論文。

張惠玲等（2004）。《探討複合式連鎖餐飲業之核心資源——以三皇三家為例》。國立屏東商業技術學院學士論文。

張逸民譯（1999）。Kotler, P. & Armstrong, G.著。《行銷學》（Marketing: An Introduction）。台北：華泰。

梁世武（1994）。〈1994年台北市長選舉之預測：「候選人形象指標」預測模式之驗證〉。《選舉研究》，1(2)，97-130。

梁修崑（2003）。《整合行銷傳播在廣播電台之應用個案研究》。國立台北大學企業管理研究所碩士論文。

許安琪（2001）。《整合行銷傳播引論：全球化與在地化行銷大趨勢》。台北：學富文化。

郭俊男（2009）。《產品識別與品牌權益之研究——以蘋果公司（Apple Inc.）為例》。國立中山大學企業管理學系碩士班論文。

郭家伶（2011）。《蘋果咬一口——科技產品行銷通路之服務創新與體驗行銷策略研究》。國立政治大學廣播電視研究所碩士論文。

郭雅婷（2008）。《雞籠中元祭節慶文化產業行銷策略之研究》。國立台灣師範大學碩士論文。

郭毓婷、張齡珍、陳佳瑜（2012）。《全聯實業競爭策略之研究》。廣亞學校財團法人育達商業科技大學行銷與流通管理系專題製作。

陳一銘（2007）。《消費者選擇廉價航空公司之行為與情境研究》。國立台灣海洋大學航運管理學系碩士論文。

陳大鵬（2012）。《金門迎城隍全紀錄2012》。金門縣政府。

陳宜稚（2007）。《星巴克行銷美學之應用分析》。國立雲林科技大學視覺傳達設計系碩士論文。

陳威州（2012）。《台灣「文化商品」經營模式——以誠品書店為例》。東海大學會計學系碩士論文。

陳穎（2010）。《星巴克品牌形象與消費者生活型態》。國立台北教育大學人文藝術學院文化創意產業經營學系碩士論文。

陳靜玗（2013）。《航空產業競爭策略之研究——以長榮航空為例》。淡江大學國際商學碩士論文。

傅明穎（1996）。《北市選民的候選人評價與投票決定——以民國83年台北市長選舉為例》。台灣大學三民主義研究所碩士論文。

程紹同（2002）。〈運動產業中的全球贊助活動〉。《國民體育季刊》，31，23-32。

黃秀端（1996）。〈決定勝負的關鍵：候選人特質與能力在總統選舉中的重要性〉。《選舉研究》，3(1)，47-85。

黃秀端（2005）。〈候選人形象、候選人情感溫度計、與總統選民投票行為〉。

《台灣民主季刊》，2(4)，1-30。

黃金柱（1999）。《我國青少年休閒運動現況需求暨發展對策之研究》。台北：
行政院體育委員會委託研究。

黃悅姿、陳佩吟、邱俊樹（2008）。《建構複合式商店之經營模式——以誠品書
店為例》。國立高雄海洋科技大學管理學院運籌管理系97級畢業專題。

黃齡嬌（2003）。

楊天厚（2010）。《金門城隍信仰》。內政部營建署金門國家公園管理處。

楊佳蓉（2000）。《整合行銷傳播在推廣策略之應用——以行動預付卡為例》。
國立政治大學廣告系碩士論文。

葉鳳強、吳家德（2009）。《整合行銷傳播：理論與實務》。台北：五南。

廖月娟、姜雪影、謝凱蒂譯（2011）。Walter Isaacson著。《賈伯斯傳》。台北：
天下文化。

劉俐琪（2014）。《運動行銷對企業價值的影響——以台灣職業棒球賽為例》。
修平科技大學行銷與流通管理系專題研究論文。

劉宜菁、陳鈞勝（2013）。〈從體驗行銷角度探討Apple產品成功因素〉。2013國
際ERP學術及實務研討會。

劉念夏（1996）。〈1996年總統大選選舉預測：民意調查中未表態選民投票行為
規則假設的提出與驗證〉。《選舉研究》，3(2)，131-56。

劉美琪（2000）。《當代廣告：概念與操作》。台北：學富。

劉蔚（2013）。《紅牛：從知名品牌到強勢品牌》。中國經濟出版社。

蔡孟庭（2013）。《品牌傳播應用擴增實境技術之可行性初探研究——以IKEA
2013產品型錄為例》。世新大學公共關係暨廣告學研究所碩士論文。

蔡美瑛、陳蕙芬（1998）。〈整合行銷傳播在高科技產業行銷上之應用——以
Computex Taipei' 96英代爾公司參展個案為例〉。《民意研究季刊》，204，
46-62。

蔣宗勳（2015）。《網路巨人——阿里巴巴》。國立金門大學企業管理學系專
題。

鄭自隆（1995）。《競選廣告——理論、策略、研究案例》。台北：正中。

謝致慧、黃永全、凌儀玲、陳亞萱（2012）。〈搭售方式對餐飲消費之影響：價
格資訊的調節效果〉。管理創新與行銷專案研討會。

## 二、外文部分

Barlow, J., & Maul, D. (2001). *Emotional Value*. Berrett-Koehler Pub, San Francisco.

Boulding, K. E. (1956). *The Image*. Ann Arbor, Mich.: The University of Michigan Press.

Burnett J., & Moriarty S. (1998). *Introduction to Marketing Communications-an Integrated Approach*. Prentice-Hall, New Jersey.

Caywood, C. L., Schultz, D. E., & Wang, P. (1991). *A Survey of Consumer Goods Manufacturers*. New York: American Association of Advertising Agencies.

Copulsky, J. R., & Wolf, M. J. (1990). Relationship marketing: Positioning for the future. *Journal of Business Strategy, Vol. 11*, July/August, 16-20.

Craft, S. H. (1999). Marketers gain by measuring true loyalty. *Marketing News, 33*, 18-23.

Dilenschneider, R. L. (1991). Marketing communication in the post-advertising era. *Public Relations Review, Vol. 17*, 227-236.

Duncan, T. (1993). Integrated marketing? It's synergy. *Advertising Age, 64*(10), March 8, p. 22.

Duncan, T. (1993). To fathom integrated marketing, dive! *Advertising Age, 64*(43), Oct.11, p. 18.

Duncan, T., & Caywood, C. (1996). The concept, process, and evolution of integrated marketing communication. In Thorson, E., & Moore, J. (Eds.), *Integrated Communications: Synergy of Persuasive Voices*, 13-34. Mahawah, N. J.: Lawrence Erlbaum Associates.

Duncan, T., & Moriarty, S. E. (1998). A communication-based marketing model for managing relationship. *Journal of Marketing, 62*, 1-13.

Estelami H., & De Maeyer, P. (2004). Product category determinants of price knowledge for durable consumer goods. *Journal of Retailing, 80*, 129-137.

Foster, J. (1990). Working together: How companies are integrating their corporate communications. *Public Relation Journal*, 18-19.

George E. Belch & Michael A. Belch (1998). *Advertising and Promotion: An Integrate Marketing Communication Perspective* (4th ed.). McGraw-Hill Education.

Gross, C. W., & Peterson, R. T. (1987). *Marketing-Concept and Decision Marketing*. West Publishing Company.

Harlam, B. A., Krishna, A., Lehmann, D. R., & Mela, C. (1995). Impact of bundle type, price framing and familiarity on purchase intention for the bundle. *Journal of Business Research, 33*, 57-66.

Harlow, Rex F. (1976). Building a public relations definition. *Public Relations Review, 2*(2), 36.

Hirschman, E. C., & Holbrook, M. B. (1982). Hedonic consumption: Emerging concepts, methods and propositions. *Journal of Marketing, Vol. 46*(summer), 92-101.

Holbrook, Morris B., & Kim, P. Corfman (1985). Quality and value in the consumption experience: Phaedrus rides again. In Jacob Jacoby and Jerry C. Olson (eds.), *Perceived Quality: How Consumers View Stores and Merchandise*, pp. 31-57. Lexington, MA: D. C. Health.

Kotler, P. (2003). *Marketing Management* (International ed.). Upper Saddle River, New Jersey: Prentice Hall, Inc.

Larry, P. (1997). *Strategies for Implementing Integrated Marketing Communications*. Chicago: American Marketing Association.

Loyd S. Pettegrew (2000-2001). If IMC is so good, why isn't it being implemented? Barriers to integrated marketing communication adoption in corporate America. *Journal of Integrated Communication*, 29-37.

Mullin B. J., Stephen Hardy & William A. Sutton (2000). *Sport Marketing*. U.S.A: United Graphics, Inc./ Dekker Bookbinding.

Novelli, W. (1989-1990). One stop shopping: Some thought of integrated marketing communication. *Public Relation Quarterly, 34*(4), 7-30.

Philip Kotler (2007). *Marketing Management: An Asian Perspective*. Pearson Education Centre.

Prensky, D., McCarthy, G. L., & Lucas, J. (1996). In E. Thorson & J. Moore (Eds.), *Integrated Communication: Synergy of Persuasive Voices*. Mahwah, NJ: Lawrence Erlbaum Associates.

Pride, William M., & Ferrell, O. C. (2000). *Marketing: Concept and Strategies*. Boston: Houghton Mifflin.

Reichheld, F. F., & W. E. Sasser Jr. (1990). Zero defections: Quality comes to services. *Harvard Business Review*, (Sept/Oct), 105-111.

Schultz, D. E. (1993). How to overcome the barriers to integration. *Marketing News, 19*,

11-22.

Schultz, D. E. (1998). New century needs new macron methods. *Marketing News, 2*(2), 12-13.

Schultz, D. E., & Kitchen, P. J. (2000). A response to "Theoretical concept or management fashion?". *Journal of Advertising Research, 40*(5), 17-21.

Schultz, D. E., Tannenbaum, S. I., & Lauterborn, R. F. (1993). *Integrated Marketing Communications: Putting It Together & Making It Work*. Chicago, IL: NTC Business Books.

Shimp, T. A. (1997). *Advertising, Promotion, and Supplemental Aspects of Integrated Marketing Communications* (4th ed.). Florida: The Dryden Press.

Sirgy, M. J. (1998). *Integrated Marketing Communications: A Systems Approach*. Upper Saddle River, NJ: Simon & Schuster.

Stremersch, S., & Tellis, G. J. (2002). Strategic bundling of products and prices: A new synthesis for marketing. *Journal of Marketing, 66*(1), 55-72.

Thorson, E., & Moore, J. (Eds.) (1996). *Integrated Communication: Synergy of Persuasive Voices*. Mahwah, NJ: Lawrence Erlbaum Associates.

Wright, D. J., Leach, I. B., & Wilding, P. (1977). Differential scanning calorimetric studies of muscle and its constituent proteins. *J. Sci. Food Agric. 28*, 557-564.

三、網站部分

BBC新聞網，Felix Baumgartnert (2012)，http://www.bbc.com/news/science-environ-ment-19943590

Business Transworld, http://business.transworld.net/

Cheers快樂工作人雜誌，http://www.cheers.com.tw/home.action

ETtoday東森新聞雲，http://www.ettoday.net/

GO survey市調網，http://www.gosurvey.com.tw/gosurvey/index.do

Hank（2014）。〈我不會飛，但是可以給你一對翅膀──紅牛的內容行銷〉。Inside硬塞的網路趨勢觀察，http://www.inside.com.tw/2014/10/07/red-bull-gives-you-wings

IKEA官網，http://www.ikea.com/tw/zh/

OKAY（2014）。〈免稅天王，昇恆昌董事長江松樺傳奇，皮包小學徒拼出百億身價──職場名人堂〉。iWord.biz職場知識家，http://iword.biz/topicdetail.

php?id=126&p=3417

Red Bull官網，http://www.redbull.com/tw/zh

Red Bull音樂學院& Rasiel By FLiPER潮流藝文誌，http://flipermag.com/author/rasiel/page/9/

TVBS民調中心，http://home.tvbs.com.tw/poll_center

Wings for Life, http://live.wingsforlifeworldrun.com/zh

中山大學West BBS-西子灣站（1998）。〈認識廠商系列──長榮航空〉，http://bbs3.nsysu.edu.tw/txtVersion/treasure/placement-GSA/M.890789304.A/M.914927912.Q.html

王靖婷、謝昀津、莊燕亭（2012）。〈創造美好居家──探討高雄IKEA之體驗行銷〉，http://podcast3.fsvs.ks.edu.tw/assets/documents/1099/original/d41d8cd98f-00b204e9800998ecf8427e.pdf?1390392375

全聯佩樺圓夢社會福利基金會官網，http://www.phdf.org.tw/

全聯官網，http://www.pxmart.com.tw/

全聯慶祥慈善事業基金會官網，http://www.pxmart.org.tw/

宋美琳、許齡心、陳思屏、潘靖霓（2009）。〈便利商店集點兌換促銷活動對消費者行為之影響──以台中地區7-ELEVEN為例〉，http://www.insa.ltu.edu.tw/zh-tw/major/97/d-4/97-d-4-011.pdf

旺報中時，http://www.chinatimes.com/newspapers/2603

昇恆昌官網，https://www.everrich.com/tw/

易飛網，http://www.ezfly.com/

東方快線網路市調，http://www.eolembrain.com/

東森新聞，http://news.ebc.net.tw/apps/index.aspx

邱怡維、楊伊婷、廖莉雯（2004）。〈從星巴克探討咖啡連鎖店之商店印象及消費行為〉，http://www.ibs.ncnu.edu.tw/files/course/projects/2005/9.pdf

金門日報官網，www.kmdn.org.tw

金門酒廠官網，http://www.kkl.gov.tw/

金門縣政府官網，http://www.kinmen.gov.tw/Layout/main_ch/index.aspx?frame=17

長榮官網，http://www.evaair.com/zh-tw/index.html

阿里巴巴官網，http://www.1688.com/

阿里巴巴招股說明書，https://drive.google.com/file/d/0BzDp-vJ2cHykTjB-wQjZzNUpyN3M/view?usp=sharing

星巴克官網，http://www.starbucks.com.tw/

專案經理雜誌，http://www.pm-mag.net/

張旭宏（2015）。〈阿里巴巴旗下天貓　祭出3絕招、4措施　啟動消費者升級〉。鉅亨網，http://news.cnyes.com/Content/20150105/20150105180055564271310.shtml

曹宇帆（2007）。〈立委單一選區兩票制專題(三)，選舉新制　北藍南綠各有擅場隱憂〉。2007年9月28日，取自http://epochtimes.com/b5/6/4/9/n1281801.htm

統一企業官網，http://www.uni-president.com.tw/

許子謙（2014）。〈【體驗行銷】IKEA讓消費者從心體驗的行銷術〉。Motive商業洞察，http://www.motive.com.tw/?p=1462

陳姿吟（2015）。〈金門首座國際觀光飯店　金湖大飯店開幕〉。ETtoday東森旅遊雲，http://travel.ettoday.net/article/481229.htm

彭偉華（2014）。〈看行銷界的天才Red Bull的內容行銷三大成功方程式〉。YAHOO!奇摩數位行銷專欄，http://yahoo-emarketing.tumblr.com/post/120440651686/red-bull

無情真實的未來事件，http://tsjh301.blogspot.tw/2013/07/2014-taipei-mayor.html

想想論壇，http://www.thinkingtaiwan.com/content/3132

義大犀牛官網，http://www.eda-rhinos.com.tw/

廖德修（2013）。〈曼尼效應　中職票房已逾1.5億〉。《中時電子報》，http://www.chinatimes.com/newspapers/20130620002898-260106

管理雜誌451期（2012）。http://reading.udn.com/v2/magDesc.do?id=32632

維基百科，https://zh.wikipedia.org/zh

燦坤官網，http://www.tkec.com.tw/

聯合報官網，http://udn.com/news/index

顏華萱（2013）。〈義大犀牛隊熱心公益　與仁武波麗士共同關心交安〉。台灣全球新聞，http://www.eewow.com/2013/09/29-12854.htm

蘋果官網，http://store.apple.com.tw/

行銷叢書 5

# 整合行銷傳播理論與實務

作　　者／王全裕
出 版 者／揚智文化事業股份有限公司
發 行 人／葉忠賢
總 編 輯／閻富萍
特約執編／鄭美珠
地　　址／新北市深坑區北深路三段 260 號 8 樓
電　　話／(02)8662-6826
傳　　真／(02)2664-7633
網　　址／http://www.ycrc.com.tw
　E-mail／service@ycrc.com.tw
印　　刷／鼎易印刷事業股份有限公司
　I S B N／978-986-298-203-7
初版一刷／2015 年 11 月
定　　價／新台幣 380 元

國家圖書館出版品預行編目（CIP）資料

整合行銷傳播理論與實務 / 王全裕著. -- 初
版. -- 新北市：揚智文化, 2015.11
面；　公分. -- (行銷叢書；5)

ISBN 978-986-298-203-7(平裝)

1.行銷傳播 2.行銷案例 3.溝通技巧

496　　　　　　　　　　　　　104021067

# Notes

# Notes

# Notes

# Notes